Microsoft

MOS 2013
学习指南

Microsoft
Word Expert

（考试77-425&77-426）

[美] John Pierce 著

康宁 宫鑫 谢金秀 译

人 民 邮 电 出 版 社

北 京

图书在版编目（ＣＩＰ）数据

MOS 2013学习指南. Microsoft Word Expert ：考试
77-425&77-426 / （美）皮尔斯（Pierce, J.）著 ；康宁，
宫鑫，谢金秀 译. -- 北京 ：人民邮电出版社，2015.7
    ISBN 978-7-115-39058-5

Ⅰ．①M… Ⅱ．①皮… ②康… ③宫… ④谢… Ⅲ．①
文字处理系统－水平考试－自学参考资料 Ⅳ.
①TP317.1

中国版本图书馆CIP数据核字(2015)第134656号

版权声明

◆ 著　　　　　［美］John Pierce
　　译　　　　　康　宁　宫　鑫　谢金秀
　　责任编辑　赵　轩
　　责任印制　张佳莹　焦志炜
◆ 人民邮电出版社出版发行　　北京市丰台区成寿寺路 11 号
　　邮编　100164　电子邮件　315@ptpress.com.cn
　　网址　http://www.ptpress.com.cn
　　北京艺辉印刷有限公司印刷
◆ 开本：800×1000　1/16
　　印张：10.5
　　字数：217 千字　　　　　　　2015 年 7 月第 1 版
　　印数：1 – 2 000 册　　　　　2015 年 7 月北京第 1 次印刷
　　　　著作权合同登记号　图字：01-2014-7520 号

定价：39.00 元
读者服务热线：(010) 81055410　印装质量热线：(010) 81055316
反盗版热线：(010) 81055315

微软出版物研究指南 ITA 版本 EULA

Microsoft IT Academy (ITA) 电子书许可协议

目　　录

前　　言

Microsoft Office 专员认证（MOS）项目用于证明用户具备了使用 Microsoft Office 2013、Microsoft Office 365、Microsoft SharePoint 的知识和能力。本书用于指导学习并完成各种任务类型，以备考考试 77-425：Microsoft Word 2013 专家认证（第一部分）与考试 77-426：Microsoft Word 2013 专家认证（第二部分）。

> **另请参阅**：考试 77-418：Microsoft Word Office 2013 所要求的任务信息，见《MOS 2013 学习指南：Microsoft Word》作者：Joan Lambert（微软出版社，2013 年）。

本书读者对象

本书专为有意获取 Microsoft Office Word 2013 专员认证（MOS Word 2013 Expert），并具有一定经验的计算机用户而编写。本认证要求考生通过两门考试。本书涵盖了这两门考试的测试目标。

MOS 各个项目的认证考试都侧重于实践而非理论。参加认证考试的人员须具备完成一定的任务或项目的能力，而不是简单地回答有关程序功能的问题。获得 MOS 认证须至少有 6 个月坚持使用该程序各种功能的经验，例如，在工作或学习中使用 Word 管理和共享文档、应用页面布局和样式、创建引文目录和索引、自定义 Word 元素如构建基块等。

将要参加 MOS 认证考试的人员可能已经具有了很多认证所需的经验。本书介绍的部分内容对应试者来说可能已经非常熟悉，而有些内容也可能未曾涉猎。请仔细阅读每一章节，包括章节中介绍的程序，以及复习资料中讨论的概念和工具。在某些情况下，我们利用程序截图来显示程序中工具选项卡的各种功能。请研读这些截图，并确保已经熟悉每个工具选项卡所有选项的功能。

本书结构

本书分章讲述所涉及的考试范围，每章又划分若干节。

各章涵盖了考试中涉及的技能组合，各节详细讲解与考试目标相关的具体技能。每一节包括学习过程中可以独立完成的复习资料、一般的程序和实践任务。必要时，我们提供练习文件，读者可以在实践任务中使用这些文件。读者可以使用本书提供的练习文件，或者使用自己的文件操练本书所讲的技能（如果用户使用自己的文件进行操作，请注意，Word 2013 的功能对于 Word 早期版本所保存的文件是有限制的）。

本考试的测试目标分为 4 个功能组，如下表所示。

功能组	考试 77-425 的测试目标	考试 77-426 的测试目标
1 管理和共享文档	1.2 准备审阅文档	1.1 管理多个文档
		1.3 管理文档修订
2 设计高级文档	2.1 应用高级格式	2.3 应高级排序和组合
	2.2 应用高级样式	
3 创建高级引用	3.3 管理窗体、域和邮件合并 操作	3.1 创建和管理索引
		3.2 创建和管理引用目录
4 创建自定义 Word 元素	4.1 创建和修改构建基块	4.3 准备文档的国际化和辅助功能
	4.2 创建自定义样式集和模板	

考生必须通过这两项考试才能获得"微软办公软件 Word 2013 专家级国际认证"（MOS Word 2013 专家级）。

下载实践材料

在操作实践任务之前，请将本书的实践材料下载到本地计算机。这些实践材料可从以下网站下载：

http://www.epubit.com.cn/Book/Detail/1836

> **注意**：该网站不提供 Word 2013 程序下载。使用本书之前应该购买和安装该程序。

用户可以保存修改好的练习文件保存，以便以后参考。如果已保存更改，以后想重复练习，可以重新下载原始文件。

下表列出了本书的练习文件。

文件夹和相应章节	文件
MOSWordExpert2013\Objective1 1　管理和共享文档	*WordExpert_1-1a.docx* *WordExpert_1-1b.docx* *WordExpert_1-1c.dotx* *WordExpert_1-1d.dotx* *WordExpert_1-1e.xlsx* *WordExpert_1-2.docx* *WordExpert_1-3a.docx* *WordExpert_1-3b.docx*
MOSWordExpert2013\Objective2 2　设计高级文档	*WordExpert_2-1.docx* *WordExpert_2-2.docx* *WordExpert_2-3a.docx* *WordExpert_2-3b.docx* *WordExpert_2-3c.docx* *WordExpert_2-3d.docx* *WordExpert_2-3e.docx*
MOSWordExpert2013\Objective3 3　创建高级引用	*WordExpert_3-1a.docx* *WordExpert_3-1b.docx* *WordExpert_3-2a.docx* *WordExpert_3-2b.docx* *WordExpert_3-2c.docx* *WordExpert_3-2d.docx* *WordExpert_3-3a.docx* *WordExpert_3-3b.xlsx* *WordExpert_3-3c.docx* *WordExpert_3-3d.docx*
MOSWordExpert2013\Objective4 4　创建自定义 Word 元素	*WordExpert_4-1.docx* *WordExpert_4-2.docx* *WordExpert_4-3a.docx* *WordExpert_4-3b.docx* *WordExpert_4-3c.docx*

调整练习步骤

本书中所显示的截图分辨率为 1024 × 768，比例显示为 100％。如果您的电脑设置与此不同，则所显示的功能区很可能与本书所显示的不一样。例如，您电脑上每组的按钮数量可能或多于或少于本书所显示，标示按钮的图标可能会比书中显示的大或小，而且组也可能是由您单击来显示组命令的按钮来标示。因此，涉及功能区的练习指令可能要做些许调整。我们的指令使用以下格式。

➜ 在**插入**选项上卡的**插图**组，单击**图表**按钮，如果命令出现在列表中或菜单里，我们的指令使用以下格式。

➜ 在主页选项卡上的**编辑**组，单击**查找**箭头，然后在**查找**菜单，单击**高级查找**。

> **提示：** 在后续位于相同选项卡或同一命令组的指令范例中，这些指令将简化以表明已建立工作位置。

如果用户的显示设置与我们的设置不同而导致按钮出现的位置与本书上显示的位置不同，用户可轻松调整以定位这些命令。首先，单击某一选项卡，找到具体的命令组。如果一个命令组折叠成组列表或位于组命令按钮之下，则单击该列表或按钮来显示该组中各个命令。如果无法即刻确认你想找的按钮，可将光标指向可能的按钮上，即可在"屏幕提示"里显示按钮的名称。

如果不想做以上调整，那么在阅读和使用本书练习时将屏幕与我们的屏幕做相同的设置。

本书中的指令都是基于传统的键盘与鼠标输入。如果读者使用的是触屏设备，将会用到触控笔和手指来执行命令。这种情况下，当我们指示单击一个用户界面元素时，用触摸动作代替单击动作。注意：当要求输入信息时，可以使用传统键盘、屏幕键盘或语音输入，这取决于读者的计算机设置和个人喜好。

获得支持并给予反馈

本节将介绍如果获得本书的帮助信息，及如何联系我们给予反馈和报错。

勘误

我们已尽全力确保本书内容准确。本书自出版以来的所有错误都列于微软出版社网站：

http://aka.ms/mosWordExp2013/errata

如果您发现的错误没有出现在列表中，您可以在相同页面上向我们报告。如果需要更多支持，请向微软出版社图书支持发送电子邮件：*mspinput@microsoft. com*

请注意，上述邮箱不提供微软软件产品支持。

我们希望听到您的意见

在微软出版社，您是否满意是我们的头等大事，您的反馈是我们最宝贵的资产。请通过以下网站反馈您的意见：

http://www.microsoft.com/learning/booksurvey

本次调查极其简短，我们会认真阅读您的每条评论和想法。谢谢您的参与！

联系我们

让我们的交流继续！我们的 Twitter 地址：

http://twitter.com/MicrosoftPress

参加 Microsoft Office 专员认证（MOS）考试

桌面计算能力在当今商业界越来越受重视。当选拔、招聘和培训员工时，雇主可以依靠技术认证的客观性和一致性使其员工的能力得到保障。员工或求职者可以通过技术认证来证明已经拥有获得成功所需的技能，从而节省当前和未来雇主用于员工培训的时间和费用。

Microsoft Office 专员认证（MOS）

Microsoft Office 专员认证（MOS）旨在帮助员工证明其运用 Office 程序的能力。该认证包括以下两种类型。

- Microsoft Office 专员（MOS）：通过一个或多个 Office 软件认证考试，能够熟练使用 Office 软件，包括 Microsoft Word、Excel、PowerPoint、Outlook、Access、OneNote 和 SharePoint。

- Microsoft Office 专员（MOS Expert）：通过所要求的认证考试，Office 软件的运用达到了更高水准，掌握了 Word 或 Excel 的更高级功能的使用。

选择认证类型

决定参加哪种认证时读者先考虑以下方面。

- 你所熟悉的 Office 软件及版本。

- 该软件你已用了多久，使用频率如何。

- 是否接受过正式或非正式培训。

- 是否使用了大部分或全部可用的功能。

- 当你的商业伙伴、朋友和家人使用该软件遇到困难时，是否会首先找到你。

MOS 认证证书候选人应成功完成了一系列标准的商业任务，如设置文档内容或工作表内容格式，创建可视化内容，设置可视化内容格式，运用 SharePoint 列表、库、Web Parts 及仪表板程序。成功的候选人一般有 6 个月或以上使用特定 Office 程序的经验，这种经验既可以来自正式的有教师指导的培训，也可以来自自学。上述培训和自学应使用 MOS 认可的书籍、指南或基于计算机的交互式学习材料。

MOS Expert 认证证书候选人应成功完成涉及使用微软程序高级功能的更复杂任务。合格的候选人一般有至少 6 个月或许几年使用办公软件的经验，包括使用 MOS 认可的学习材料接受正式的教师指导的培训或自学。

备考提示

每项 MOS 认证考试是由一套考试技能标准（被称为客观题）构成，标准技能试题来自于 Office 软件在实际工作场所的应用。 由于这些技能标准涵盖了每门考试的范围，从而提供了有关如何准备认证考试的关键信息。本书遵循 Word 专家级认证考试的目标结构；详细信息见"前言"一章中"本书结构"一节。

MOS 认证考试基于实际操作，要求考生用办公软件完成商务相关的任务或项目。例如，考生会拿到一份文件，要求完成具体的任务，或一份示例文档，要求利用提供的资源创建文档。考试分数将体现考生在规定的时间内完成所要求的任务和项目的表现。

以下是关于参加考试的一些有用的信息。

- 掌控好时间。阅读完考试开始前所提供的考试说明，考试才正式开始。在考试过程中，时间剩余量显示在考试界面的底部。考试一旦开始中间不能暂停。

- 掌握考试节奏。在考试开始时，考生将收到有关考试的问题或项目的信息。有些问题要求考生完成一项以上的任务。每个项目要求考生完成多项任务。在考试过程中，考试剩余时间，以及已完成的试题数量和未完成的试题数量（如果适用），显示在考试界面的底部。

- 考试开始之前，请仔细阅读考试说明。应当完整、准确地遵守所有考生说明。

- 按照考试指令输入所要求的信息，但不要复制格式，除非有特别说明要求考生这样做。 例如，被要求输入的文本和值可能以粗体和下划线形式出现在指令中，但是考生在输入这些信息时不要应用这些格式。

- 在进行下一项考试问题之前关闭所有对话框，除非有特别说明要求考生不要关闭。

- 在进行下一项考试问题前不要关闭任务窗格，除非有特别说明要求考生关闭。

- 如果要求考生打印文档、工作表、图表、报表或幻灯片，按要求执行这些任务，但要明白并不会真正打印出来。

- 当执行基于项目的考试任务时，应经常保存您的工作。

- 不要担心过多敲击键盘或单击鼠标。得分基于结果而非用来取得这一结果的方法（除非考试指令中要求使用特定的方法）。

- 如果在考试过程中计算机出现问题（例如，考试不响应或鼠标不再起作用），或者发生停电，立即联系检测中心的管理员。管理员将重新启动计算机，考试会返回到故障发生时的题目，分数不受影响。

> **应考方略：** 本书在"应考方略"中描述为准备微软 MOS 认证考试而进行有效学习的特别提示，如本条提示。

获得 MOS 认证的优势

在考试结束后，考生会收到成绩报告，表明是否通过了考试。如果分数达到或超过合格标准（所需的最低分数），微软认证项目团队将向考生发送电子邮件。电子邮件信息包括考生微软认证 ID 号及在线资源链接，包括微软认证专家网站。在该网站，考生可以下载或订购印刷好的证书，创建虚拟名片，订购 ID 卡，查看和分享成绩单认证，使用 Logo Builder，查阅其他实用而有趣的资源，包括微软及其下属公司的特别优惠。

根据通过的认证级别，考生将有资格在个人名片和其他个人宣传材料上使用下列 3 种徽标。这些徽标证明你已精通 Office 应用程序或认证所要求的交叉应用技能。

根据通过的认证级别，考生将有资格在个人名片和其他个人宣传材料上使用下列 3 种徽标。这些徽标证明你已精通 Office 应用程序或认证所要求的应用或交叉应用技能。

Microsoft
Office Specialist

Microsoft
Office Specialist Expert

Microsoft
Office Specialist Master

Ga05SE01：微软办公专家、微软办公资深专家、微软办公大师徽标。

使用 Logo Builder（徽标生成器），可以创建个性化认证徽标，其中包括 MOS 徽标和已获得认证的具体的 Office 程序。如果考生取得了多个 Office 程序的 MOS 认证，可将其统一设计到在一个徽标中。

更多信息

要了解更多有关微软办公软件国际认证（MOS）考试和相关的课件，请访问：

http://www.microsoft.com/learning/en/us/mos-certification.aspx

Microsoft Word 2013 Expert

本书涵盖了 Microsoft Office 专家认证（MOS Word 2013 Expert）考试所需的技能。具体来说，为完成具体任务所需的一套技能包括：

1　管理与共享文档

2　设计高级文档

3　创建高级引用

4　创建自定义 Word 元素

使用这些技能，可以创建、管理和发布文档，用于各种特殊目的和情况。用户还可以自定义 Word 环境，以提高商务情境中使用高级文档的工作效率。

预备知识

本书读者应具备使用 Word 2013 至少 6 个月的经验，并且了解基本任务的操作，这些基本任务在"微软办公软件 Word 2013 专家级国际认证"（MOS Word 2013 专家级）考试目标中并不涉及。

本书将讲解共享、管理、设计和自定义 Word 文档和功能的过程。读者应熟悉 Office 功能区，了解基本的 Word 功能。读者应具备的基本 Word 操作技能包括：

- 创建空白文档和基于模板创建文档；

- 在文档内浏览，包括搜索文本、插入超链接和使用"转到"命令查找特定的对象和引用；

- 设置文档和文本格式，包括更改文档主题、插入简单的页眉和页脚和更改字体属性；

- 更改文档视图；

- 自定义快速访问工具栏和功能区；

- 打印文档，包括打印文档的节；

- 以备选文件格式保存文档；

- 处理表格和列表，包括使用快速表格、将样式应用到表格，对表中的数据进行排序；

- 创建简单的引用，如脚注和尾注；

- 插入和设置对象格式，如形状、SmartArt 图形和图片。

有关预备任务的信息，请参阅《MOS 2013 学习指南：Microsoft Word》，作者：Joan Lambert（微软出版社，2013 年）。

第1章

管理和共享文档

本章中测试的技能涉及管理和共享文档，具体包括下列目标：

1.1　管理多个文档

1.2　准备审阅文档

1.3　管理文档修订

当今的工作环境往往要求同事之间共同写作和修改文档，并最终定稿。组内的用户共享文档通常需要特定的要求和任务。例如，跟踪审阅人对文档的修订，或合并多个审阅人各自修改的文档。在某些情况下，文档需要设置密码保护，只有知道密码的人才能打开和编辑文档。在协作过程中准备一份文件时，可能会规定哪些人负责编辑文档的哪部分。

本章将指导读者如何在 Word 中管理和共享文档，以及如何跟踪修订和保护文档。本章也将涉及如何处理多个文档，例如，如何在多个模板和文档之间复制样式和宏，以及如何组织样式。

> **实践材料：** 要完成本章实践任务，读者需要获得包含在 MOSWord Expert2013\Objective1 实践材料文件夹中的文件。欲了解更多信息，请参见本书前言中"下载实践材料"内容。

1.1　管理多个文档

本节将介绍一系列功能，便于多个文档的管理，包括：合并文档、复制宏和样式、移动构建基块、从一个文档链接到外部数据、管理一个文档的不同版本以及组织样式的不同方法。

> 有关创建和应用自定义样式的信息，参见第 2.2 节："应用高级样式"。

修改现有模板

使用模板的目的之一是赋予相关文档共同的外观和风格。模板提供样式设置，例如，封面、自定义页眉和页脚、主题和宏等元素。模板中的这些元素帮助用户按特定要求创建一个文档，而无需从头开始设计文档。

无论是从启动屏幕或 Backstage 视图的"新建"页下载的模板，或用户自定义创建的模板，如果要修改模板，则需打开该模板文件。创建的模板默认保存在"自定义 Office 模板"文件夹，该文件夹是"文档"文件夹的子文件夹（当在"另存为"对话框选择 Word 模板时，Word 将自动打开"自定义 Office 模板"文件夹）。从 Backstage 视图下载的模板保存在用户配置文件中的 AppData 文件夹中。要在"文件浏览器"中打开该文件夹，在"文件浏览器"的地址栏输入 %UserProfi le%\AppData\Roaming\Microsoft\Templates。

> 提示：在 Windows 8 操作系统中，文件浏览器已取代 Windows 资源管理器。在这本书中，我们将使用 Windows 8 采用的名称。如果读者的计算机运行的是 Windows 7，请使用 Windows 资源管理器。

打开模板后，就可以通过创建样式、修改内置模板样式属性、设计自定义页眉或页脚、插入图形或标识等对该模板进行修改。

将文本和其他内容添加到文档以及将格式应用到文档，都不影响附加到该文档的模板。然而，如果在一篇文档中修改样式，用户既可以将此修改只应用于当前文档，也可以应用于模板。要更新模板，在"修改样式"对话框选择"基于此模板新建文档"。

➤ 修改现有模板

1. 单击**文件**选项卡，然后单击**打开**。

2. 在**打开**页上，单击**计算机**，单击**我的文档**，然后打开**自定义 Office 模板**文件夹。

3. 选择要修改的模板，然后单击**打开**。

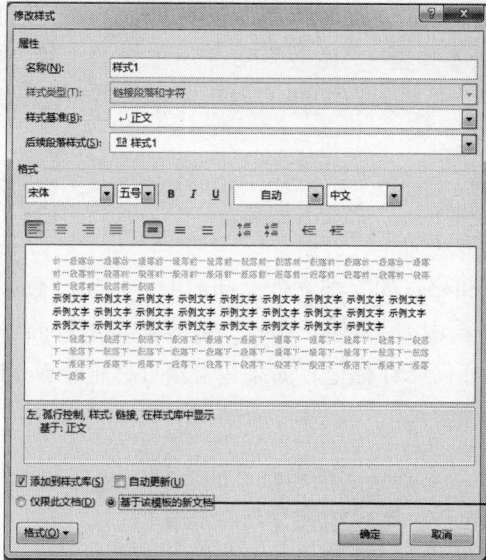

单击该选项，将样式修改
包含在模板中。

G01WE01："修改样式"对话框屏幕截图。

4. 按照自己的想法修改模板样式及其他元素。

5. 单击**文件**选项卡，然后单击**保存**。

或

单击**文件**选项卡，然后单击**另存为**，将此模板文件保存为新版本。

> **重要提示**：如果模板中含有宏，需将模板保存为"Word 启用宏的模板
> （.dotm）"。保存不带宏的模板，使用 .dotx 文件扩展名。

合并多个文档

有时我们和其他作者及审阅人一起处理同一篇文档，此时就会产生多个副本，我们可以将这些副本收集在一起，然后使用"合并"命令，生成一篇单个文档，该文档能够显示不同副本的信息。

有时，我们可能只是想比较一篇文档的两个版本，查看版本之间的差异，并不关心作者和审阅者是谁。

合并文档时，"审阅"选项卡上的"比较"和"合并"命令会产生相似的结果，但这两个命令使用的情景不一样。"比较"命令用于查看一篇文档两个版本的差异。"合并"命令用于合并一篇文档的多个副本，并要求确认副本作者信息。

比较文档

比较两篇文档时，原文档和修订的文档文件之间的差异以跟踪修订的方式显示在原文档中（或一个新文档中）。为使"比较"命令产生更好的结果，原文档和修订的文档不应该包含任何修订标记。如果包含修订标记，Word 在比较时将接受这些修订。

在"比较文档"对话框中，选择原文档和修订的文档，选择设置 Word 要标记的修订类型，并指定 Word 是将比较结果显示在原文档、修订的文档还是一个新的文档中。

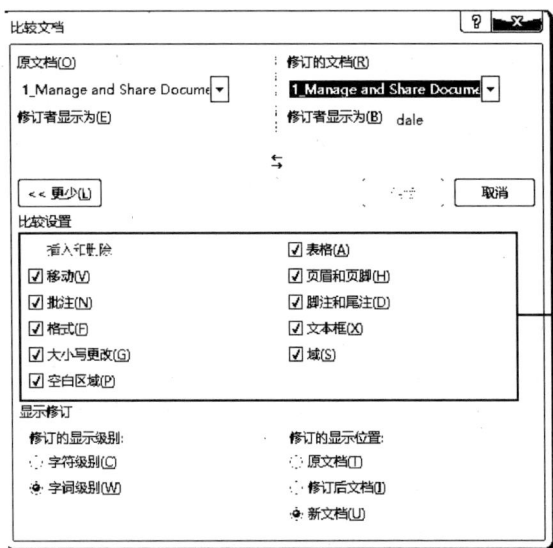

清除不需要比较的文档元素的复选框。

G01WE02："比较文档"对话框屏幕截图。

默认情况下，在"比较设置"区中的所有选项都被选中。除了"插入和删除"复选框外，可以清除其他任何选项的复选框。例如，如果不需要查看格式差异，清除"格式"复选框。如果主要对文档主体内容的差异感兴趣，还可以清除"批注"、"大小写更改"、"空白区域"、"页眉和页脚"及"域"等复选框。在"显示修订"区,"字词级别"复选框默认选中。选择"字符级别"选项,当修订的是一个单词中的几个字母时,就会显示出来。在字词级别,整个单词作为修订而显示;在字符级别,只有字母作为修订而显示。

在"修订的显示位置"区,选择"原文档"复选框,以在该文档显示差异(尽管用户可能不希望更改原文档)。选择"修订后文档",将修订添加到该文档;或者选择"新文档",基于原文档创建一个新文档,将与修订后的文档比较后的差异以修订的方式显示在新文档中。

通过比较创建的文档中的差异都归于一个作者,并以"比较的文档"为标题显示在文档窗口。可以使用"审阅"选项卡"更改"组中"上一条"和"下一条"按钮,逐条查看所做的更改,并可以选择接受或拒绝这些差异。

> 有关接受和拒绝更改的信息,参见本章第 1.3 节:"管理文档修改"中"跟踪修订"主题。

还可以同时查看比较过的文档,原文档和修订的文档,方法是单击"比较"菜单上"显示文档",然后单击"显示两者"。"显示原文档"菜单上的其他选项包括"隐藏原文档"(从视图中去除了原文档和修订后的文档,保留了比较后的文档)、"显示原文档"和"显示修订后的文档"。

合并文档

"合并文档"对话框设置基本上与"比较文档"对话框相同。合并文档时,原文档和修订后的文档之间的差异显示为修订。如果修订后的文档中含有修订标记,这些修订也将在合并后的文档中显示为修订。每个审阅者的信息也将在合并后的文档中显示。

在"合并文档"对话框中单击"确定"后,Word 可能会显示一条消息框,提示只有一组格式更改可以保存在合并的文档中。用户需要在原文档的变化和修订后的文档的变化之间进行选择,以继续合并文档。Word 在一组窗口中显示合并文档的结果,合并后的文档显示在中间窗格,原文档和修订后的文档显示在右侧较小的窗格。Word 还会在左侧显示"审阅"窗格。

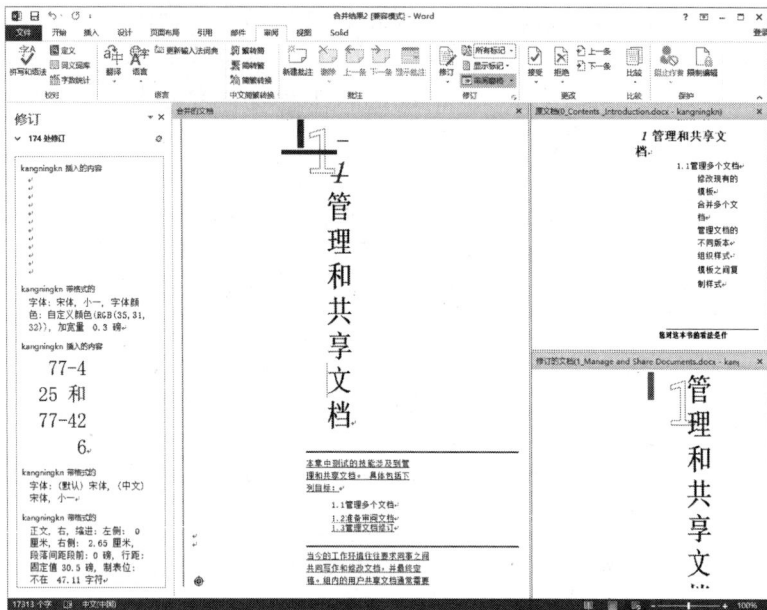

G01WE 03：合并后的文档的屏幕截图，其中左侧打开"修订"窗格，右侧显示原文档和修订的文档。

> 提示：文档合并完成后，在 Word 程序窗口可以同时浏览合并后的文档、原文档和修订后的文档。在每个文档中的位置是同步的，可以让用户根据需要引用任一篇文档。

必要时，可以合并文档的另一个副本，方法是：再次从"比较"菜单上选择"合并"，选择有合并结果的文档作为原文件，然后选择要合并的另外一个文件。

在保存并命名合并后的文档后，可以打开该文档，处理文档中的显示修改（由修订形式标示），可以选择接受或拒绝，从而形成最终稿的文档。

➤ 比较文件

1. 在 Word 中打开一个空白文档（也可以先打开原文档或修订后的文档）。

2. 在**审阅**选项卡**比较**组中，单击**比较**，然后单击菜单上的**比较**。

3. 在**比较文档**对话框中，从列表中选择原文档（若尚未被选中）或单击文件夹图标，浏览到该文件的保存位置。

4. 选择要与原文档进行比较的修订后的文档。

5. 在原文档和修订后的文档的**修订者显示为**列表中，指定用户名或首字母缩写。

6. 如果**比较设置**区没有显示，单击**更多**。

7. 在**比较设置**区，清除或选中要让 Word 在比较时用到的文档元素复选框。

8. 在**显示修订**区，选择修订的显示级别—字符级别或字词级别。

9. 在**修订的显示位置**区，选择想要 Word 显示修订的文档—原文档、修订后的文档或一个新建文档。

10. 单击**确定**。如果 Word 出现有关修订的提示，单击**是**完成比较。

➤ **将两个或更多个文档合并为一个文档**

1. 在 Word 中打开一个空白文档（也可以先打开原文档或其中一个修订后的文档）。

2. 在**审阅**选项卡**比较**组中，单击**比较**，然后单击**合并**。

3. 在**合并文档**对话框中，从列表中选择原文档（若尚未被选中）或单击文件夹图标，浏览到该文件的保存位置。

4. 选择要与原文档进行合并的修订后的文档。

5. 在原文档和修订后的文档的**修订者显示为**列表中，指定用户名或首字母缩写。

6. 如果**比较设置**区没有显示，单击**更多**。

7. 在**比较设置**区，清除或选中要让 Word 在比较时用到的文档元素复选框。

8. 在**显示修订**区，选择修订的显示级别—字符级别或字词级别。

9. 在**修订的显示位置**区，选择想要 Word 显示修订的文档—原文档、修订后的文档或一个新建文档。

10. 单击**确定**。

管理文档的多个版本

当用户在文档中写作、插入内容及编辑时，Word 使用其"自动恢复"功能保存文档的版本。与相关自动保存和恢复文件相关的 Word 选项可在"Word 选项"对话框中的"保存"页上设置。

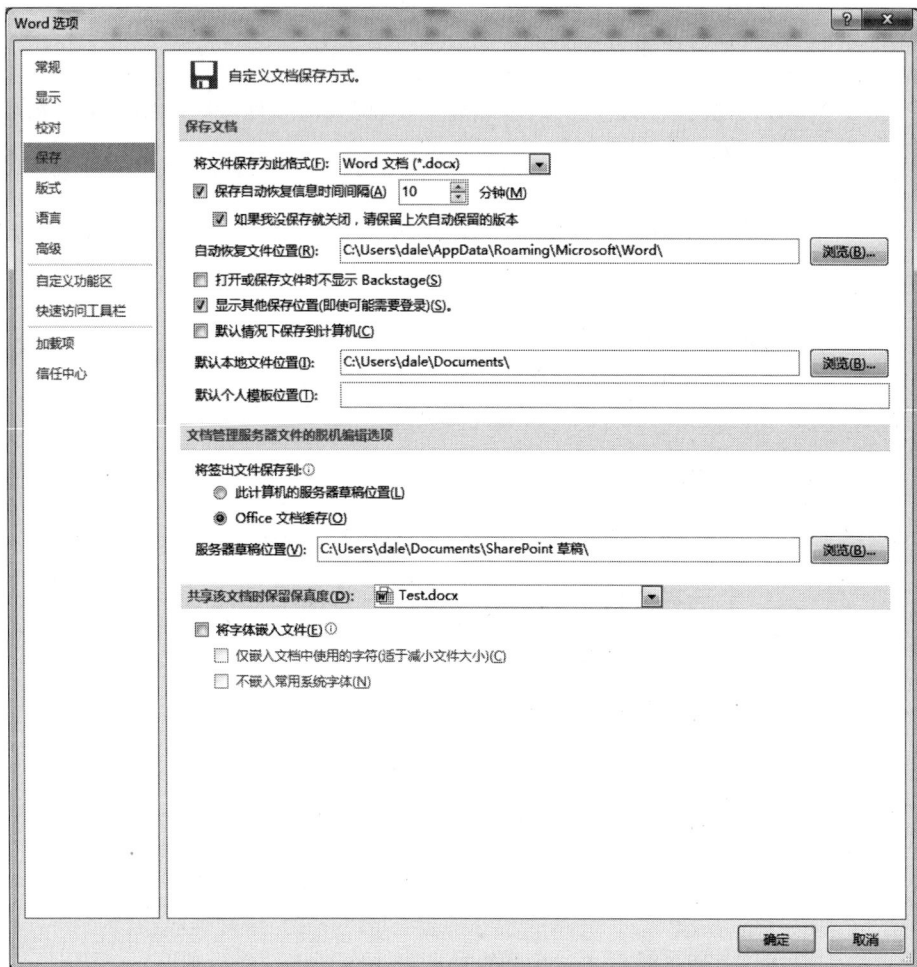

G01WE04："Word 选项"对话框"保存"页面的屏幕截图。

在"保存"页，可以更改保存文档版本的时间间隔（默认间隔为 10 分钟），还可以更改默认的"自动恢复"文件的位置，从用户配置的 AppData 文件夹移动到用户更容易访问的文件夹。默认情况下，如果用户关闭文档没有保存，Word 会自动保存，从而保留该文档的最后版本（这些设置只适用于 Word 而不适用于其他 Office 程序）。

用户可以在 Backstage 视图的信息页上管理和恢复文档的不同版本。被自动保存的文档的不同版本都列在"版本"区。右键单击列表中的一个项目，就会显示选项，让用户选择打开或删除该版本，或与当前版本相比较。

打开自动保存的版本时，Word 会显示"消息栏"。在"消息栏"上单击"比较"，查看打开的版本和最后保存的版本之间的差异。单击"还原"，用打开的版本覆盖上次保存的版本。

也可以从"信息"页面恢复未保存的版本。"恢复未保存文档"选项显示"打开"对话框，显示"未保存文件"文件夹中的内容，该文件夹是用户配置文件中 AppData 文件夹结构的一部分。当打开其中的文件时，Word 将在"信息栏"显示"另存为"按钮。

➤ **恢复文件的自动保存版本**

1. 打开正在处理的文件。

2. 单击**文件**选项卡。

3. 在**信息**页**版本**区中，右键单击该文件自动保存的版本，然后单击**打开版本**。

4. 在**消息栏**，单击**恢复**，然后单击**确定**确认此操作。

➤ **恢复未保存的文件**

1. 单击**文件**选项卡。

2. 在**信息**页面上，单击**管理版本**，然后单击**恢复未保存的文件**。

3. 在**打开**对话框中，选择文件，然后单击**打开**。

4. 在**消息栏**，单击**另存为**，然后在**另存为**对话框命名并保存文件。

组织样式

指定哪些样式显示在样式库以及设置 Word 如何在样式窗格排列样式，是组织样式的两种技能。本节将介绍在"样式"窗格和"样式"库显示样式的选项，以及如何管理样式，包括如何指定一组推荐的样式。指定一个模板中使用的一组推荐的样式有助于确保基于该模板的文档都具有共同的外观和感觉。

在"样式窗格选项"对话框，可以选择 Word 在"样式"窗格中显示的一组样式。可以选择只显示一组推荐的样式，或当前正在使用的样式，或文档中可用的样式，或所有样式。还可以设置样式列表的排序方式，例如，按字母顺序、按字体顺序、按类型顺序（字符样式显现在段落样式之前），或按推荐的样式列表顺序（默认情况下，"样式"窗格显示推荐使用的样式，并以此排序）。

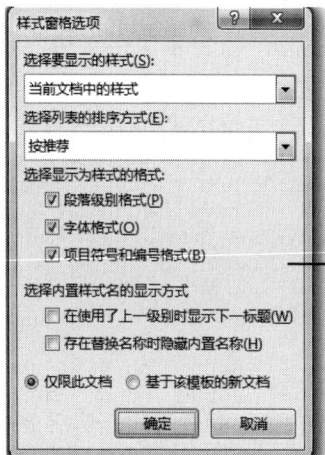

更改此对话框中的设置，在样式窗格中可以重新排列样式

G01WE05："样式窗格选项"对话框屏幕截图。

在"选择显示为样式的格式"区的复选框中，可以设置样式是否以段落级别格式、字体格式、项目符号和编号格式显示在"样式"窗格中。例如，如果选择"字体格式"复选框，"样式"窗格中就会显示文档中使用的字体颜色的样式。默认情况下"在使用了上一级别时显示下一标题"复选框被选中。该设置使 Word 在"样式"窗格中显示已使用标题级别的子标题，例如，如果文档中使用了二级标题样式，Word 在"样式"窗格中将显示三级标题样式。如果想将在"样式窗格选项"对话框做的设置应用于用当前模板创建的其他模板：单击"基于该模板的新文档"。单击"样式"窗格底部的"管理样式"图标，打开"管理样式"对话框，该对话框为组织样式提供了其他的选项和设置，共有 4 个页面。

- **编辑**   使用"编辑"页上的选项来查看和修改样式的属性。单击"新建样式"打开"根据格式设置创建新样式"对话框。

> 有关创建样式的信息，参见第 2.2 节"应用高级样式"。

- **推荐**　在"推荐"页，可以为文档或模板指定一组推荐的样式。按下 Ctrl 键，单击选中一组样式（或使用选择所有样式选项或所有内置样式）。在推荐的样式列表中通过向上或向下移动，或给一个样式或一组选定的样式指定值，来设置样式采用的优先级。

- **限制**　使用"限制"页上的选项，可以设置文档受保护时是否可对用户应用到该文档的样式进行更改。

> 有关格式限制的信息，参见本章第 1.2 节"准备审阅文档"中的"限制编辑"的主题。

- **设置默认值**　该页上的字体、段落位置、段落间距选项用来设置新样式的默认属性。

➤ **在样式窗格排列样式**

1. 在**开始**选项卡**样式**组中，单击右下角的对话框启动器。

2. 在**样式**窗格底部，单击**选项**。

3. 在**样式窗格选项**对话框，执行下列操作。

   ○ 选择要显示哪些样式及如何为样式排序。

   ○ 指定是否显示段落、字体和项目列表格式。

   ○ 指定希望 Word 如何显示内置样式名称。

模板之间复制样式

将样式从一个模板复制到另一个模板，可以重复使用这些样式，从而减少为每个模板设置样式的工作。要在模板之间复制样式，可以使用"管理器对话框。

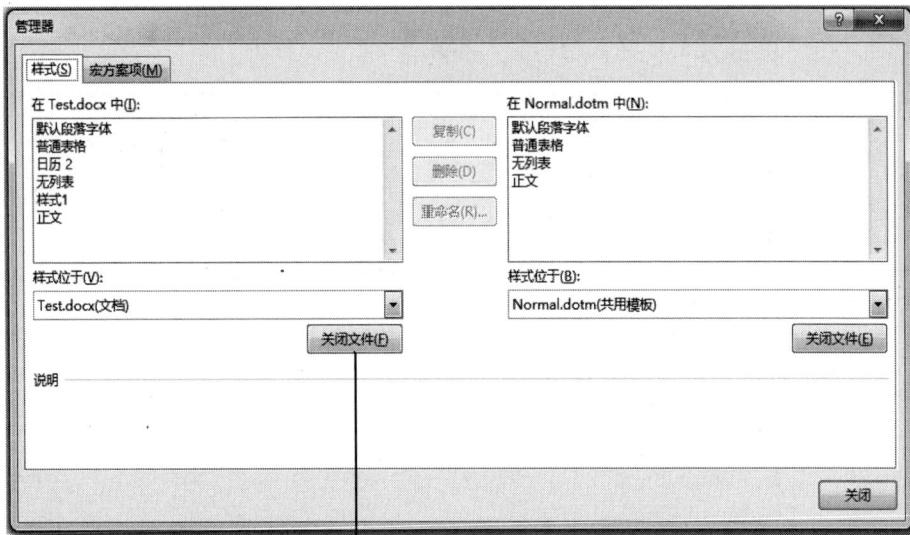

要处理不同模板上的样式，单击"关闭文件"。该按钮的标签更改为"打开文件"。
再次单击找到需要的文件。

G01WE06："管理器"的"样式"页面的屏幕截图。

"管理器"列出了使用"管理器"列表框打开的模板（或文件）里的样式。在
这两个列表框中选中的样式的属性显示在"说明"区域。利用这些说明来确定
是否需要复制模板中的样式。在"管理器"对话框中除了可以复制模板样式，
还可以删除和重命名样式。

➤ **在模板之间复制样式**

1. 在**开始**选项卡**样式**组中，单击对话框启动器。

2. 在**样式**窗格底部，单击**管理样式**。

3. 在**管理样式**对话框中，单击**导入 / 导出**。

4. 在**管理器**对话框，单击**关闭文件**和**打开文件**显示想要相互复制样式的
模板。

5. 在样式所在的源模板列表框中，选择一种或多种样式，然后单击**复制**。

6. 在**管理器**对话框，单击**关闭**。

文档之间复制宏

也可以用"管理器"在文档和模板之间复制宏。使用"宏方案项"页上的列表框打开包含要复制的宏的模板或文档。

➤ 在文档之间复制宏

1. 在**视图**选项卡，单击**宏**，然后单击**查看宏**。

2. 在**宏**对话框中，单击**管理器**。

3. 在**管理器**对话框，单击**关闭文件**和**打开文件**显示想要相互复制宏的模板或文档。

4. 在要复制宏的源模板列表框中，选择要复制的宏，然后单击**复制**。

5. 在**管理器**对话框，单击**关闭**。

链接到外部数据

管理多个文档除了处理多个 Word 文档外，还包括管理从正在工作的文档链接到外部的数据或文件。链接的外部文件可以是其他 Office 程序和基于 Windows 系统的程序如写字板或画图程序所创建的文件。可以显示链接文件的全部内容或只显示该文件的图标。也可以创建一个对象（如图表或幻灯片）插入到 Word 文档中。

链接到外部数据，可使用"对象"对话框。在该对话框中，从"新建"页的列表中选择对象类型创建一个新的对象。如果想将插入的对象显示为图标，而不是完整的对象，选择"显示为图标"复选框。在 Word 文档中，可以双击该图标打开插入的对象。

使用"对象"对话框中"由文件创建"页，定位到要链接的文件。默认情况下，Word 将在文档中嵌入所选定的文件的内容。选择"链接到文件"复选框，创建一个链接到源文件的链接，这样源文件的更改会反映到 Word 文档中。

当链接到某个文件时，Word 程序将在 Word 文档中显示链接到该文件的快捷方式。双击该快捷方式可以打开源程序。

➤ 链接到外部数据

1. 在**插入**选项卡**文本**组中，单击**对象**。

2. 在**对象**对话框中，单击**从文件创建**标签。

3. 在**文件名**框中输入要链接的文件的名称，或单击**浏览**定位要链接的文件。

4. 在**对象**对话框中，选择**链接到文件**。

5. 单击**确定**。

文档之间移动构建基块

默认情况下，内置的构建基块存储于名为 Building Blocks.dotx 的模板中。Word 存储该文件的路径为：AppData\Roaming\Microsoft\ Document Building Blocks\1033\15（名为 15 的文件夹中所保存的文件都与 Office 2013 相关）。当创建并保存一个构建基块时，可以保存在指定的模板中。

> 更多信息，参见第 4.1 节"创建和修改构建基块"。

要把一个构建基块移动到另一个模板，可以使用"构建基块管理器"。"构建基块管理器"按库名、类别、模板列出了可用的构建基块。单击列标题对列表进行排序，以便可以更容易地找到需要的构建基块。

➤ **移动构建基块**

1. 在**插入**选项卡，单击**文档部件**，然后单击**构建基块管理器**。

2. 在**构建基块管理器**对话框，选择想要移动的构建基块条目，然后单击**编辑属性**。

3. 在**修改构建基块**对话框**保存位置**列表中，选择要保存构建基块的模板。

4. 在**修改构建基块**对话框，单击**确定**，然后单击**是**，确认此次操作。

5. 单击**关闭**。

> **实践任务**
> 这些任务的实践材料都位于 MOSWordExpert2013\ Objective1 实践材料文件夹，将完成的任务保存到相同文件夹中。
> ● 打开 Word 程序，然后使用"合并"命令合并 *WordExpert_1-1a* 和 *WordExpert_1-1b* 两个文档。

- 使用"管理器"将"Practice Tasks"样式从 *WordExpert_1-1c* 模板复制到 *WordExpert_1-1d* 模板。
- 创建基于 *WordExpert_1-1c* 模板的文档（右键单击该文件，然后单击新建），然后修改该模板，更改"Practice Tasks"样式的属性。
- 打开 *WordExpert_1-1a* 文件，然后使用"对象"对话框，将该文件链接到 *WordExpert_1-1e* 工作簿。

1.2 准备审阅文档

准备审阅文档往往涉及多个方面。在审阅前，可以设置如何让 Word 跟踪和显示修订。还可以设置限制文档编辑，这样，审阅者只能输入批注。还可以指定文档中的某些部分只能由特定的人员进行编辑。如果用户计划将文档分发给团队外的审阅者审阅，在分享文档之前应该检查该文档是否含有要删除的信息。

本节将指导读者审阅文档前应做的准备工作。

设置修订选项

设置跟踪修订选项简单而明了。单击"审阅"选项卡上的"修订"按钮，Word 将跟踪用户对文档所做的修改，如插入、删除、移动文本和格式更改等。当查看修改后的文件时，可以使用"审阅"选项卡上"更改"组上的命令，查看修订的内容，然后选择是否接受这些修订。

Word 程序提供了一组选项来设置如何跟踪和显示修订，以及如何查看所做的修订。在"修订选项"对话框中，使用"显示"区的复选框来指定哪些修订显示在目前的工作文档。这些选项包括"批注"、"墨迹"、"插入和删除"、"格式"等。也可以指定在"显示所有标记"模式下，文档一侧的"批注框"显示什么类型的信息。在此，选择"修订"，可以在批注框中查看文档的每一条修订；选择"无"，所有的修订显示在行内；选择"批注和格式"，使用批注框显示这些元素。如果选择了"批注和格式"，Word 程序在文本的行中显示插入和删除的内容。

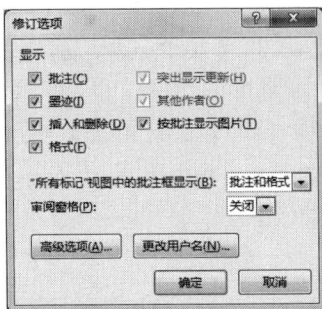

G01WE07："修订选项"对话框屏幕截图。

> **提示**：用户对文档所做的修订由在 Word 选项对话框中输入用户名和缩写加以确认。对于某些文件，用户可能想通过其他的用户名或部门名称确认。例如，审阅者代表其所在的部门来审阅一个文件，想将所做的修订与部门名称联系起来。单击"修订"选项对话框中的"更改用户名"，然后输入要使用的用户名和缩写。选择"不管是否登录到 Office 都始终使用这些值"复选框，批注将一直由于账户关联的名称确认。在此对用户名和缩写所做的修改，及"不管是否登录到 Office 都始终使用这些值"做的设置，都会适用到其他文档和其他 Office 程序。想使用标准用户时，应该恢复到标准用户名。

单击"修订选项"对话框中的"高级选项"按钮会打开一个对话框，在该对话框可以对如何修订和显示做其他方面设置，包括以下几个方面。

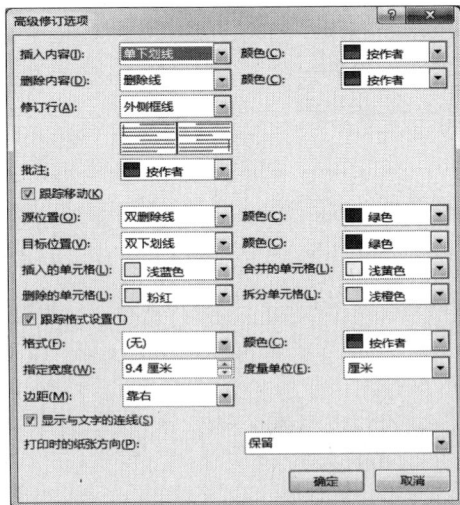

G01WE08："高级修订选项"对话框屏幕截图。

- 选择用于插入和删除的格式。默认情况下，Word 程序用"下划线"表示插入的内容，使用"删除线"格式表示删除的内容。其他的格式还有"加粗"、"斜体"、"双下划线"和"仅颜色"。

- 指定 Word 将表示修订的线放置在哪个位置：默认设置为"外侧框线"；其他设置还有"右侧框线"、"左侧框线"和"无"。

- 选择一种用于标示修订的颜色。默认设置为"按作者"，Word 程序会为每位审阅者指定一种颜色。用户可以选择一种特定的颜色显示所做的修订。

- 设置批注框的背景颜色。

- 指定 Word 是否跟踪移动的文本。可以选择 Word 程序在源位置和新位置移动文本的格式（包括颜色）。如果清除了"跟踪移动"复选框，Word 会将移动的文本当作删除和插入的内容。

- 设置选项突出对表格单元格所做的修改。

- 指定是否跟踪格式设置的修订以及 Word 如何显示这些修订。

- 指定批注框的大小和位置。还可以指定 Word 是否显示连接批注框和其所指的线条。

- 指定 Word 打印带有修订和批注的文档时的纸张方向。

➤ **设置跟踪选项**

1. 在**审阅**选项卡**修订**组中，单击对话框启动器。

2. 在**修订选项**对话框，指定要在 Word 中显示的修订类型，想要在批注框中查看哪些信息内容，以及是否显示**修订**窗格。

3. 单击**高级选项**。

4. 在**高级修订选项**对话框，指定 Word 在文档中跟踪修订要应用的格式，包括插入和删除、文本移动和批注框。

限制编辑

共享文档时，我们很少会允许其他用户随意处理共享的文档，如修改格式设置、添加或删除内容、插入图片，以及进行其他修改。包含重要数据的文档，或者用户打算将其作为一个报告或演讲重点的文档，在共享之前可以对文档设置保护。本节将介绍如何限制用户对文档进行修订的类型，设置谁可以编辑文档，以及设置文档哪一部分由某个特定的审阅人编辑。

> 有关文档保护的更多信息，请参阅本节后面要讲的"使用密码保护文档码"。

要设置如何限制编辑，可以使用"限制编辑"窗格中的选项。

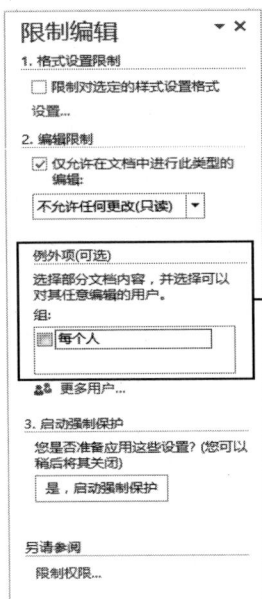

在此区域，可以设置允许特定人员编辑文档或文档中的部分章节。还可以设置每个人都可以编辑文档中的部分内容。

G01WE09："限制编辑"窗格屏幕截图。已选中编辑限制和格式设置选项。

"限制编辑"窗格分为三个区域。

- **格式设置 限制**选择这个区域中的复选框，可以限制对选定的样式设置格式，防止文档用户修改样式及应用其他格式。在"限制编辑"窗格中，可以打开"格式设置限制"对话框，在这里可以指定用户可用的样式集。可以选择所有样式，或 Word 指定的一组样式，或者选择要使用的特定样式。"格式设置限制"对话框底部的选项用来设置是否可以切换主题或快速样式，是否允许自动套用格式替代格式设置限制。

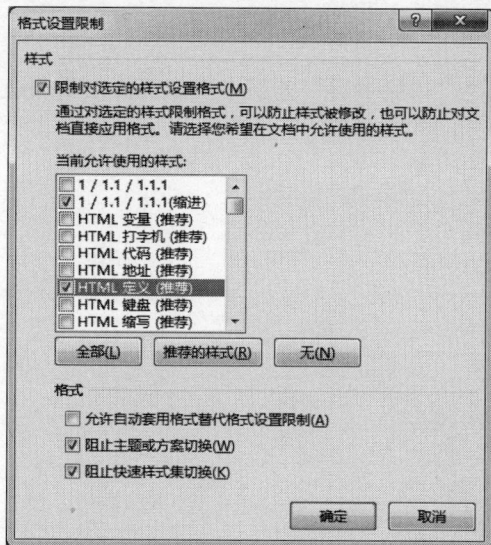

G01WE10："格式设置限制"对话框屏幕截图。

- **编辑限制**　该区域用来控制用户对文档进行编辑的类型。

    ○ **不做任何更改（只读）**　该选项可以阻止用户对文档进行修改，虽然可以设置例外情况，允许特定用户编辑全篇文档或文档的某些部分。

    ○ **修订**　对文档所做的修订用修订标记表示。不从文档中删除保护，则跟踪修订将不能被关闭。

    ○ **批注**　用户可以将批注添加到文档，但不能对文档内容进行修改。对于此选项，可以对特定用户设置例外项。

> 有关批注的详细信息，请参阅第 1.3 节"管理文档修订"中的"管理批注"。

    ○ **填写窗体**　此选项可以限制在文档中的窗体输入信息。

如果选择了"不做任何更改（只读）"或"批注"，可以使用"例外项"区指定特定用户编辑整篇文档或文档的某些部分。"例外项"默认适用于全篇文档，但也可以用于文档的部分内容，方法是选中该部分内容，然后指定可以编辑该部分内容的人员（也可以设置让每个人都可以编辑文档的特定部分）。可以将不同的例外项应用于文档的不同部分。单击"更多用户"链接，打开"添加用户"对话框，输入被赋予例外权的用户的名称。

如果指定编辑例外项，选择"限制编辑"窗格中用户名旁边的复选框，可以定位并显示该可以编辑的文档的部分内容。

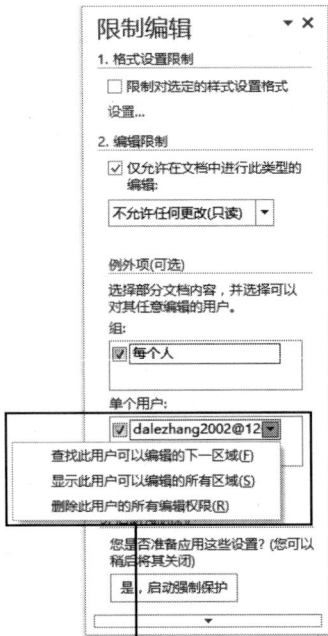

使用此菜单可以查找某个特定用户可以编辑的区域，并删除编辑权限

G01WE11："限制编辑"窗格屏幕截图，其中显示了用户可编辑的文档的定位和显示选项。

● **启动强制保护**　定义好要应用到文档的设置格式限制和编辑限制后，可以使用"启动强制保护"对话框，设置用来从文档中删除保护的密码。

> **重要提示**：要使用"用户身份验证"选项，必须启用信息权限管理。信息权限管理不在本项认证考试的范围。有关信息权限管理的详细信息，请登录 *http://technet.microsoft.com/en-us/library/cc178985.aspx*，参阅"在 Office 2013 中配置信息权限管理"。

➤　限制编辑和格式设置

1. 在**审阅**选项卡，单击**编辑限制**。

2. 在**编辑限制**窗格中，选择要应用的选项。

　　○　要指定用户可以应用的特定样式集，单击**限制对选定格式的设置**，
　　　　然后单击**设置**。在**格式设置限制**对话框中，选择要在文档中使用的
　　　　一组样式和格式设置选项。

　　○　要设置文档中允许的编辑类型，单击**仅允许在文档中这种类型的编**
　　　　辑，然后选择列表中的选项。选择文档中的部分内容，然后选择哪
　　　　些用户可以编辑这个特定的内容，从而定义例外项。

3. 单击**是**，启动强制保护。

4. 在**启动强制保护**对话框中，输入删除保护所需的密码，或者单击**用户
验证**。

删除文档草稿

本章第 1.1 节"管理文档的多个版本"中介绍了 Word 程序保存的文档的多个版
本的方法。

当不再需要某个特定版本时，可以在 Backstage 视图的"信息"页将其删除。

➤　删除草稿版本

1. 单击**文件**选项卡。

2. 在**信息**页**版本**区中，右键单击要删除的版本，然后单击**删除此版本**。

3. 单击**是**确认此操作。

删除文档的元数据

文档属性（也称为元数据）记录了文档的大小、标题、作者及创建日期和上一
次修改日期等信息。Word 程序在 Backstage 视图的"信息"页显示一篇文档的
标准文档属性。单击"显示所有属性"或打开文档的"属性"对话框，还可以
显示其他属性（要打开"属性"对话框，单击"信息"页上的属性列表顶部"属
性"按钮旁边的箭头，然后单击"高级属性"）。

属性提供的信息可用于文档分类，但将文档共享给自己团队或组织之外的审阅

者时，我们可能不希望将文档某些属性信息也包括在文档中。例如，在将文档共享给客户前，希望删除文档作者的姓名。

可以运行"文档检查器"来查找和删除文档的某些元数据。"文档检查器"也用于检查文档中的批注和修订、标题信息、隐藏文本和其他文档元素。"文档检查器"检查完该文档后，可以选择删除文档属性中保存的信息，以及文档其他领域的信息。

G01WE12："文档检查器"屏幕截图。

➤ 检查文档并删除文档的元数据

1. 单击**文件**选项卡。

2. 在**信息**页上，单击**检查问题**，如果提示保存文档单击**是**，然后单击**检查文档**。

3. 在**文档检查器**对话框，清除不需要文档检查器检查项目的复选框，然后单击**检查**。"文档检查器"检查文档并显示结果。

4. 在**文档检查器**对话框，单击**全部删除**删除某个特定项目中的信息。

5. 单击**关闭**。

或

单击**重新检查**，然后单击**检查**，查看重新检查后的结果。

将文档标记为最终状态

当和团队一起处理完一篇文档时，可能需要将该文档标记为终稿，让团队的其他成员知道该文档的状态。将文档标记为最终状态不会阻止用户进行更改，文档也不会具有与设置密码一样的保护级别。

当用户打开一个被标记为最终状态的文档时，Word 程序会显示"消息栏"，提示该文档的状态。用户需要激活该文档来进行其他更改。

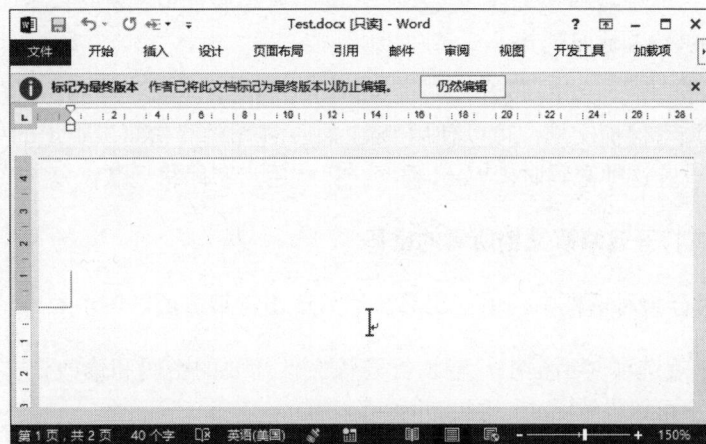

G01WE13：当打开标记为终稿的文档时显示的"消息栏"屏幕截图。

➤ **标记文档为最终状态**

1. 单击**文件**选项卡。

2. 在**信息**页上，单击**保护文档**，然后单击**标记为最终状态**。

3. 单击**确定**，确认此操作并保存该文档（Word 可能显示一条消息框，提示标记为最终文档的效果。如果不想让 Word 以后再显示这条信息，选择**不再显示**，然后单击**确定**）。

使用密码保护文档

当使用"另存为"对话框保存文档时，可以显示"常规选项"对话框，然后设置一个打开文档时需要输入的密码，也可以设置一个修改文档时需要输入的密码。

> **重要提示**：一定要记住所设置的密码，一旦忘记，Word 将无法恢复该密码。

请记住，修改文档前需要用户输入的密码是为了防止文档被意外编辑。设置这样的密码不会对文档加密（加密的文档用以防止恶意用户）。

> **提示**：加密能加强文档的安全性，文档内容只能由拥有密码或其他类型的密钥的人员阅读。

要通过加密保护文档，可以使用 Backstage 视图的"信息"页上的"保护文档"命令。设置这种密码时，Word 程序会提醒用户密码将无法恢复。

➤ **设置打开或修改文档所需的密码**

1. 在**另存为**对话框中，单击**工具**，然后单击**常规选项**。

2. 在**常规选项**对话框中，输入打开该文件需要的密码和修改该文件需要的密码。用户可以设置其中一种或两种都设置。

3. 在**常规选项**对话框中，单击**确定**。

4. Word 程序会提示再次输入密码。

5. 在**另存为**对话框中，单击**保存**。

➤ **使用密码加密文件**

1. 单击**文件**选项卡。

2. 在**信息**页面上，单击**保护文档**，然后单击**用密码进行加密**。

3. 在**加密文档**对话框中，输入要使用的密码，然后单击**确定**。

4. 再次输入密码。

5. 单击**确定**，然后保存文档。

> **实践任务**
>
> 这些任务的实践材料位于 MOSWordExpert2013\Objective1 实践材料文件夹，将完成的任务保存到相同文件夹中。
>
> ● 打开文档 *WordExpert_1-2* 并执行以下操作。
>
> ○ 启用修订跟踪，然后插入、移动和删除一些文字。还可以在该文档添加图片、页眉或页脚等元素。
>
> ○ 设置 Word 跟踪修订的不同的选项，然后对该文件进行其他的修改，来查看所选择的选项产生的效果。例如，更改插入和删除的格式设置，或清除跟踪格式的选项。
>
> ○ 显示"限制编辑"窗格。设置只允许批注，但建立一个允许编辑该文档第二部分的例外项。
>
> ○ 切换到"信息"页面，查看文档属性值。运行"文档检查器"，删除文档的元数据。
>
> ○ 使用"信息"页面上的"保护文档"菜单中的命令，将该文档标记为最终状态，并为该文档设置密码。

1.3 管理文档修订

本节将介绍如何管理文档修订，包括如何接受和拒绝修订，如何锁定修订以及如何添加和管理批注。本节也将介绍如何在文档中查看修订，如何解决处理多文档时发生的样式冲突问题。

跟踪修订

"审阅"选项卡上的"修订"命令用来打开或关闭修订功能。当启用修订时，Word 将显示对当前文档的文本所做的插入和删除，标示文本移动的位置，以及显示格式设置的修订。

> 要了解更多信息，请参阅第 1.2 节中"设置修订选项"的话题。

用户不必每次打开文档时都启用修订。打开修订功能时，Word 就会跟踪文档做出的更改，直到用户本人或其他用户关闭了该功能。让 Word 保持修订状态可以确保对该文档做出的重要更改得以记录下来；而使用"锁定跟踪"选项可以确保跟踪所有的修订。在"锁定跟踪"对话框，可以设置密码，共享该文件的人员必须输入密码才能关闭修订功能。

> **重要提示**：锁定修订的密码不能防范恶意用户。欲了解更多信息，请参见本章第 1.2 节中的话题："使用密码保护文档"。

当启用修订功能修改和审阅文档时，可以使用"审阅"选项卡的"修订"组中的工具来选择显示标记的多少。例如，使用"显示标记"菜单打开或关闭显示"插入和删除"、"设置格式"或批注。选择"显示以供审阅"列表中的选项，可以以无标记形式（仿佛所有修订都被接受）或以原始状态查看文档。

> 有关查看标记和设置标记选项的详细信息，请参阅本节后面要介绍的话题"使用标记选项"和"改变标记显示方式"。

当查看修订过的文档时，可以使用"审阅"选项卡上的"更改"组中的命令和选项。通过这些命令和选项可以查看上一条修订或下一条修订，然后选择接受或拒绝该修订。或使用"接受和拒绝"菜单中的选项处理一条修订，然后立即移动到下一条修订。"接受和拒绝"选项还可以让用户仅接受或拒绝显示的修订，或文档中所有的修订，并同时关闭修订功能。

➤　**锁定修订**

1. 在**审阅**选项卡上，单击**修订**，然后单击**锁定修订**。

2. 在**锁定跟踪**对话框中，输入密码。

3. 再次输入密码，然后单击**确定**。

➤　**接受或拒绝修订**

1. 在**审阅**选项卡**更改**组中，单击**上一条**或**下一条**定位所做的修订。

2. 在**更改**组中，单击**接受**，或单击**拒绝**将其删除。

➤ **接受或拒绝所有修订**

1. 在**审阅**选项卡**更改**组中，单击**接受**箭头或**拒绝**箭头。

2. 在菜单上，单击**接受所有修订**或**拒绝所有修订**。

管理批注

批注是审阅文档和为文档添加注释的简单方式。例如，批注可以用于以下几方面。

● 强调需要修改或重新设置格式化的文本或其他内容。

● 提出一个问题或标示需要解释的内容。

● 向文档的其他审阅者说明要做的事情。

● 为文档的用户提供背景或指示。

Word 会为插入到文档中的每一条批注标记插入该批注的用户名（其他识别标签。例如，一个通用名称术语，如编者）。当鼠标指向一个批注时，Word 将显示有关信息，例如插入批注的时间。

批注有可能显示在文档一侧的窗格中，或审阅窗格中，也可能显示在“屏幕提示”中，这取决于当前文档的视图（如页面视图或草稿视图）。在“页面视图”、“阅读视图”和“Web 版式视图”中，批注显示在“批注”窗格。在“草稿视图”和“大纲视图”中，当鼠标指向高亮显示的文本时，批注显示在“屏幕提示”中。在任何视图（除阅读视图外）中，都可以打开“审阅”窗格显示批注。在“阅读视图”中，批注最初显示为批注图标。单击图标即可阅读批注。在“阅读视图”中单击“视图”菜单上的“显示批注”，将显示批注文字，而不再显示批注图标。

> **提示**：在“修订”组的“显示以供审阅”列表中选择的设置也会影响批注的显示方式。有关详情，参见本节后面将介绍的主题“更改标记显示方式”。

通过使用"审阅"选项卡上的"批注"组中"上一条"和"下一条"按钮，可以逐条查看批注。要答复一条批注，单击批注框，然后单击新建批注。Word 通过用户名和其上的批注的缩进来识别新建的批注。

使用"批注"组的"删除"按钮来删除一条批注或所有批注。

要管理批注，右键单击批注框中的文字，使用菜单上的选项。

- **答复批注**　该选项将在原批注下面（或以前输入的答复下面）插入一条新批注。这与单击"新建批注"具有同样的效果。

- **删除批注**　该选项将删除批注。

- **将批注标记为完成**　该选项使批注文字变淡，表明该批注评论已被审阅。在含有大量批注的文件中，标记已经审阅的批注有助于跟踪批注的审阅状态。

> **提示：** 右键单击批注框中的缩略图会显示带有多种选项的菜单，用于管理批注和联系人卡片。

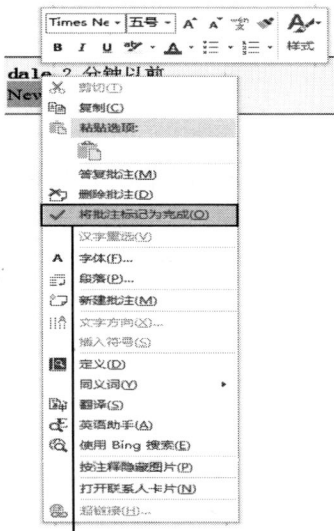

将一条批注标记为已完成，标明该批注已解决

G01WE14：管理批准命令屏幕截图。

如果想强调批注中的文字，可以从"开始"选项卡或"迷你工具栏"设置字体格式。例如，可以应用粗体或斜体，高亮显示批注，更改字体和字体颜色，但是不能改变字体的大小。

> ➤ **插入批注**

在**审阅**选项卡**批注**组中，单击**新建批注**，然后输入批注文字。批注可以输入到批注框或**审阅**窗格，这取决于当前使用的是哪种文档视图。

> ➤ **逐条查看批注**

在审阅选项卡，单击**批注**组中的**下一条**或**上一条**。

> ➤ **删除批注**

选中要删除的批注，然后单击**批注**组中的**删除**。还可以选择删除所有显示的批注或文档中的所有批注。

> ➤ **答复一条批注**

1. 选中要答复的批注。

2. 在**审阅**选项卡，单击**新建批注**，然后输入答复的内容。

使用标记选项

当处理的文档修订功能开启时，可以使用"修订"组中"显示标记"菜单控制修订的类型。菜单上的几个选项与"修订选项"对话框中的选项是一样的，例如，使用该菜单或对话框显示或隐藏格式设置修订、插入和删除、批注。

> 有关"修订选项"对话框的详细信息，请参阅本章第 1.2 节"准备审阅文档"的话题"设置修订选项"。

还可以使用"显示标记"选项设置某些文档视中批注框显示信息的方式。可以设置在批注框中或文本行中显示修订的内容，或选择在批注框中只显示格式设置修订及批注。

使用"显示标记"菜单上的"特定人员"命令查看一个或几个特定审阅人所做的修订（而不是所有审阅人做的修订，Word 默认显示所有审阅人的修订）。

> 提示：如果显示了一个或几个特定审阅人所做的修订，可以使用"接受所有显示的修订"或"拒绝所有显示的的修订"命令一次执行这些操作。

➤　要打开或关闭显示标记元素

1. 在**审阅**选项卡**修订**组中，单击**显示标记**。

2. 在菜单中，清除要隐藏的标记元素前的复选标记。

➤　查看由特定审阅人做的修订

1. 在**审阅**选项卡**修订**组中，单击**显示标记**。

2. 在菜单上，单击**特定人员**，然后单击**所有审阅者**清除此设置。

3. 在**修订**组中，单击**显示标记**，单击**特定人员**，然后单击要查看的审阅者的名称。查看其他审阅者的修订，重复上述步骤。

解决跨文档样式冲突问题

使用多个文档时，复制和粘贴文本和其他内容是一项常用的操作。如果正在使用的文档的样式具有相同的设置，文本和其他内容将保留源文档中的格式设置。如果源文档和目标文档中样式相同但设置出现冲突，Word 将默认使用目标文档的样式定义。

当 Word 检测到样式冲突时，会显示一个"粘贴选项"按钮。单击此按钮（或按 Ctrl 键），打开一组图标，让用户选择粘贴的内容需要设置的格式。用户可以使用目标文档中的格式设置、使用源文档的格式设置、合并格式，或者仅保留文本（这样，粘贴的内容使用默认的常规样式）。如果启用了实时预览，鼠标指向某个选项的图表时，Word 将显示相应的粘贴效果。

用户可以在"Word 选项"对话框"高级"页上，控制跨文档粘贴内容时如何让Word 管理样式冲突。这些设置位于"剪切、复制和粘贴"区。

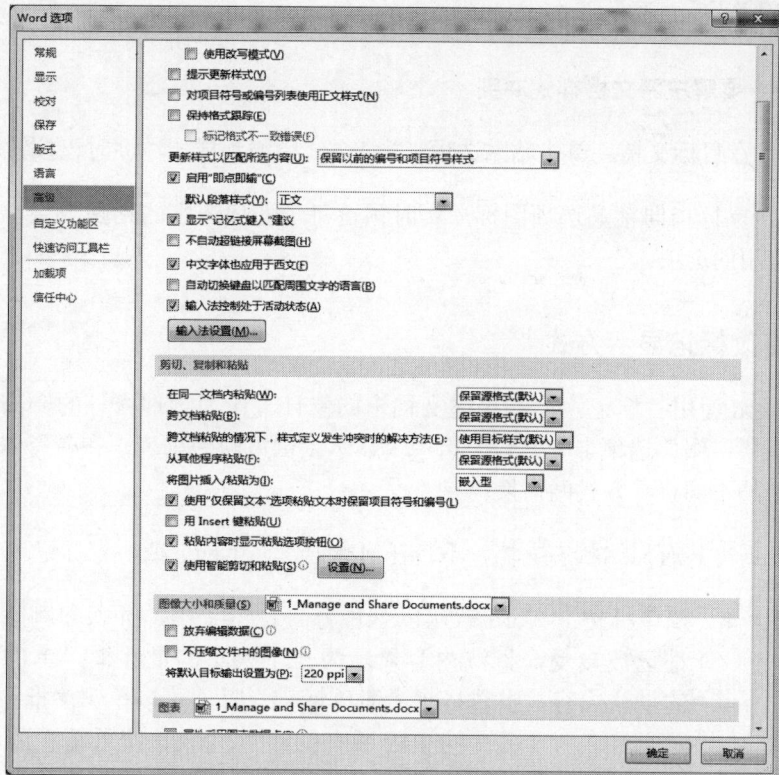

G01WE15："Word 选项"对话框中的剪切、复制、粘贴选项的屏幕截图。

在"跨文档粘贴情况下，样式定义发生冲突时的解决办法"列表中选择希望 Word 默认使用的设置，设置包括：

- 使用目标样式（默认）；

- 保留源格式；

- 合并格式；

- 仅保留文本。

在"Word 选项"对话框中，单击"使用智能剪切和粘贴"选项旁边的"设置"按钮，打开"设置"对话框。在此对话框中的"智能样式方式"选项也会影响 Word 如何管理样式冲突。当选择此选项时，源文档的样式与目标文档的样式名称相同，粘贴的样式格式得到一致性处理。"粘贴"选项允许用户选择保留格式或选择匹配目标文档格式。

➤ 要解决跨文档样式冲突

1. 在目标文档，单击**粘贴选项**（当 Word 检测到样式冲突时该按钮就会显示）。

2. 鼠标指向粘贴选项图标，实时预览每个选项产生的粘贴效果，然后选择要应用的选项。

更改标记显示方式

Word 使用"标记"一词描述文档中的修订。作为管理修订的一部分，可以使用"审阅"选项卡"修订"组中"显示以供审阅"列表，在带有修订标记的文档的不同查看方式间切换。

查看方式有原始状态文档、不带任何标记、显示部分或所有标记。

- **简单标记**　Word 默认以这种方式显示文档，插入和删除的修订好像都已被接受，批注内容显示为一个很小的批注框，单击时显示完整的批注内容（当选择了"简单标记"时，可以单击"批注"组中"显示批注"，显示文档中的所有批注）。Word 使用垂直线标记包含修改内容的文档区域。单击该线切换到查看"所有标记"，Word 将显示标记。

- **所有标记**　选择"所有标记"来显示文档中所有的修订，包括插入和删除的文字、移动的文字、墨迹修订和格式设置修订。Word 使用"修订选项"和"高级修订"选项对话框中的设置，来显示带有修订标记的文档。例如，如果做了具体设置，Word 在批注框中显示完整的批注和格式设置修订。在"所有标记"视图中，使用"显示修订"菜单，可以控制 Word 显示的修订的类型，查看特定审阅人所做的修订。

> 有关"显示标记"菜单上的设置选项，请参阅本节前面讲过的"使用标记选项"主题。关于"跟踪修订选项"的信息，请参阅本章第 1.2 节中的"设置跟踪选项"主题。

- **无标记**　选择此选项查看文档，好像所有修订都已被接受。Word 不显示表明修订位置的线。

- **原始状态** 选择此选项查看的文档和最初写作时一样（好像所有插入、删除和移动的文字都已被拒绝）。

➤ **更改显示的标记**

在**审阅**选项卡**修订**组打开**显示以供审阅**列表，然后选择要用于查看文档标记的选项。

实践任务

这些任务的实践材料都位于 MOSWordExpert2013\ Objective1 实践材料文件夹，将完成的任务保存到相同文件夹中。

- 打开文档 *WordExpert_1-3a* 并执行以下操作。
- ○ 使用"显示标记"菜单和"显示以供审阅"菜单，查看菜单上的选项如何影响文档标记的显示方式。
- ○ 插入一个或多个批注，然后将批注标记为已经完成状态。
- ○ 使用"审阅"选项卡上的选项，浏览文档，接受或拒绝所做的修改。
- 打开 *WordExpert_1-3b* 文档，在此文档中复制文本，然后将其粘贴到 *WordExpert_1-3a* 文档。使用"粘贴选项"按钮来解决样式冲突问题。

目标回顾

结束本章学习之前，确保掌握了以下技能：

1.1 管理多个文档

1.2 准备审阅文档

1.3 管理文档修订

第 2 章

设计高级文档

本章中测试的技能涉及设计高级文档，具体包括下列目标：

2.1 应用高级格式

2.2 应用高级样式

2.3 应用高级排序和分组

本章将指导读者学习如何设计和组织更为复杂的长文档，例如报告、书、论文及意见书等。本章将特别介绍如何创建和管理文档大纲以及如何使用主文档。此外，本章还将介绍如何创建和修改样式，让用户更容易地设置长文档的格式，使文档的外观保持一致。本章将首先介绍 Word 中的一些高级格式设置功能，包括如何使用通配符来搜索文本，如何设置域格式，以及如何使用字符间距、字距、页面布局选项、文档节以及文本框等功能。

> **实践材料：**要完成本章实践任务，读者需要获得包含在MOSWordExpert2013\Objective2 实践材料文件夹中的文件。欲了解更多信息，请参见本书前言中"下载实践材料"内容。

2.1 应用高级格式

本节将介绍如何使用与高级格式设置功能。首先讲解如何使用通配符功能来查找文档中的文本。其次还介绍自定义域格式和高级页面布局选项，包括如何插入文档节。此外，本节将介绍如何设置特殊字符格式，用以改善文档的展示效果，如字符间距和字符集，字符集可提供的修饰性外观适用于证书、文凭和其他相似类型的文档。本节的最后一个主题将介绍如何链接文本框，当设计通讯类文档或其他多栏文档时可能需要此项技能。

使用通配符查找和替换

Word 中简单的查找和替换操作可以多种方式扩展。例如，在"查找和替换"对话框，可以选择只搜索整个单词，使用区分大小写搜索（they're 而不是 They're），或使用单词相似的发音进行搜索（*they're*、*their*、*there*）。也可以搜索带有特定格式的文本（例如，搜索带有"强调样式"的文本），搜索特定字符和格式标记（包括连词符、破折号、段落标记、制表符和分节符）。

在"查找和替换"对话框还可以使用通配符搜索。例如，通配符星号（*）表示一个或多个字符的序列。问号（?）表示一个序列中的单个字符。通配符与文字字符一起使用可以用来搜索某种类型的文本。

下表列出了常用的通配符以及使用示例。

通配符	句法和示例
?	查找任何单个字符。例如，*l?w* 将搜索到单词 *law* 和 *low*，以及含有这一字符序列的单词如 *below* 或 *lawful*。
*	查找一个字符串。例如，*J*n* 将会查找到 *John*、*Jocelyn* 和 *Johnson*。
<	查找单词开头的字符。例如，*<(plen)* 将会查找到 *plenty, plentiful*, 和 *plentitude*。但不会查找到单词 *splendid*。
>	查找单词结尾的字符。例如，*(ful)>* 将查找到 *fanciful, useful*, 和 *plentiful*. 但不会查找到 *fulfill* 或 *wonderfully*。
[]	查找所指定的字符中的一个字符。例如，*h[eor]s* 查找的单词如 *ghost*, *these*, *hose*, those 和 *searches*，或缩写形式 *hrs*（hours 的缩写），但不能查找单词 *horse*。
[n-n]	查找指定范围内的任何单个字符。必须以升序排列指定范围（例如 *d-l*）。例如，*[c-h]ave* 将会查到 *gave*，*have* 和 *leave*。
[!n-n]	查找除了指定范围内的字符的任何单个字符。例如，*st[!n-z]ck* 将会查找 *stack* 和 *stick* 但不会查找 *stock* 或 *stuck*。
{n}	查找前一个字符或表达式指定的个数。例如，*cre{2}d* 将查找 *creed* 但不会查找 *credential*。
{n,}	查找至少包含前一个字符或表达式的个数。例如，*cre{1,}d* 既查找 *creed* 也查找 *credential*。
{n,m}	查找前一个字符或表达式在一个范围内的个数。例如，*50{1,3}* 查找 *50, 500* 和 *5000*。
@	查找一个或多个前一个字符或表达式。例如，*bal@** 查找 *balloon* 和 *balcony*。
[\ 通配符字符]	查找特定的通配符字符。例如，*[*]* 查找所有的星号通配符。

用户可以把多个通配符结合一起使用来创建搜索表达式。例如，表达式 *s[a-n]{2}d* 可以查找 *send*、*sending*、*dashed* 和 *Slide* 等单词，但不能查找 *sad*。在这个表达式中，Word 搜索以 s 开头，包含 a 到 n 范围内的两个字符，并以 d 结尾的字符串。还可以用括号将通配符和文本括起来，表示分析的顺序。例如，表达式 *<(det)*(ing)>* 查找单词 *determining* 和 *deterring*。请记住：所有使用通配符的搜索都区分大小写。例如，表达式 *[c-h]ave* 查找单词 *have* 和 *cave*，但不查找名字 *Dave*。

> **提示：**当在"查找和替换"对话框中选择了"使用通配符"选项，可用的通配符字符出现在"特殊格式"菜单上。在"查找内容"框和"替换为"框选择一个字符，或输入要使用的一个或多个字符。

也可以使用通配符来替换一类文本。例如，可以使用通配符 \n 将名和姓互换，方法是：在"查找内容"框输入 (名) (姓)，在"替换为"框输入 \1 \2。Word 查找所有匹配的名字，并改变名和姓的顺序，使姓（第 2 项）出现在名的前面。

➤ 使用通配符搜索

1. 在**开始**选项卡**编辑**组，单击**查找**旁边的箭头，然后单击**高级查找**。

2. 在**查找和替换**对话框中，单击**更多**显示**搜索选项**区域。

3. 选择**使用通配符**。

4. 在**查找内容**框输入通配符表达式，然后单击**查找下一个**。

创建自定义域格式

Word 使用域来显示诸如页码、索引条目和内容目录等信息。域也被用于邮件合并以显示姓名和地址信息。

> 有关使用索引、目录和图表标题的更多信息，请参见本书第 3.1 节"创建和管理索引"和第 3.2 节"创建和管理引用表格"。有关邮件合并功能的信息，请参见第 3.3 节"管理窗体、域和邮件合并操作"。

用户可以像设置文本和其他元素格式一样，来设置域的格式。例如，可以应用字体和段落格式，这样，域的信息与其周围的文本保持同样的格式。还可以使用内置的开关来指示 Word 如何显示域所提供的信息。

> **提示：**当选定某个域时，如日期和时间域，Word 会使用浅灰色使该域带有底纹，表示信息来自于域。在"Word 选项"对话框中的"高级"页上的选项可以控制 Word 何时显示域的底纹。在"显示文档内容"区，设置"域底纹"为"选取时显示"（默认设置）、"总是显示"或"不显示"。

"域"对话框中列出了各种类别的域，如日期和时间、文档自动化、文档信息和邮件合并。当选定一个域时，"域"字段对话框显示该域的属性及 Word 显示域信息的选项（例如，可以选择不同的日历为日期域的基础）。有关域的描述显示在对话框的底部。

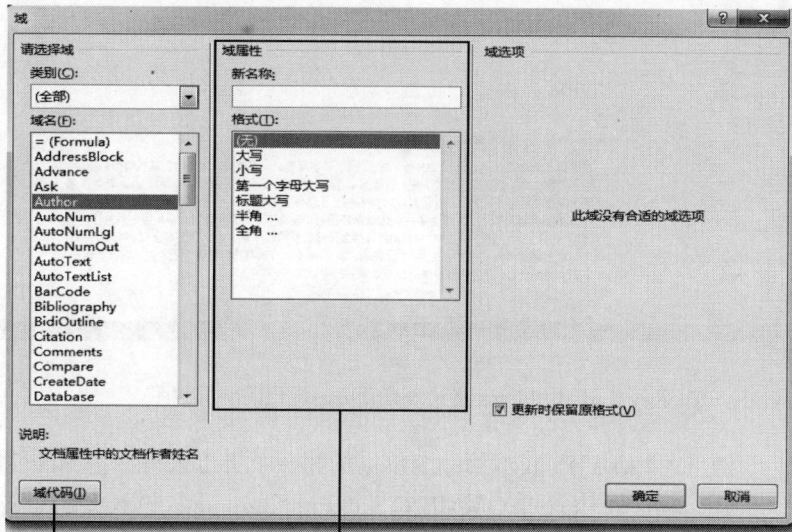

单击"域代码"来查看域属性　　有些域在此窗格列出格式属性

G02WE01：域对话框屏幕截图。

并非所有的域都有属性。有的域如"作者"含有格式设置选项，显示域值（文档作者的名字），可以显示为全大写（JOHN PIERCE）或全小写（john pierce），名和姓首字母大写（John Pierce），或名首字母大写（John pierce）。"日期"域也包含内置格式选项，以不同方式显示日期和时间（如 2014/05/09；2014 年 5 月 9 日；及其他格式）。

域的格式通过使用域开关控制，域开关是一组指示 Word 如何显示域的字符。Word 中包括文本大小写开关，数字格式开关和字符格式开关。当插入一个域时，可以在"域"对话框输入域开关，或在文档正文的域代码中输入域开关。

对于一个域中出现的大写形式的数据，可以使用以下格式。

- *** Caps** 表示每个单词的第一个字母都大写。例如，在表达式中使用 "Fill-in" 域和提示语，例如：{FILLIN"输入你的姓名 :"* Caps}。这样，即使用户以小写字符输入姓名，其姓名的首字母也会变成大写。

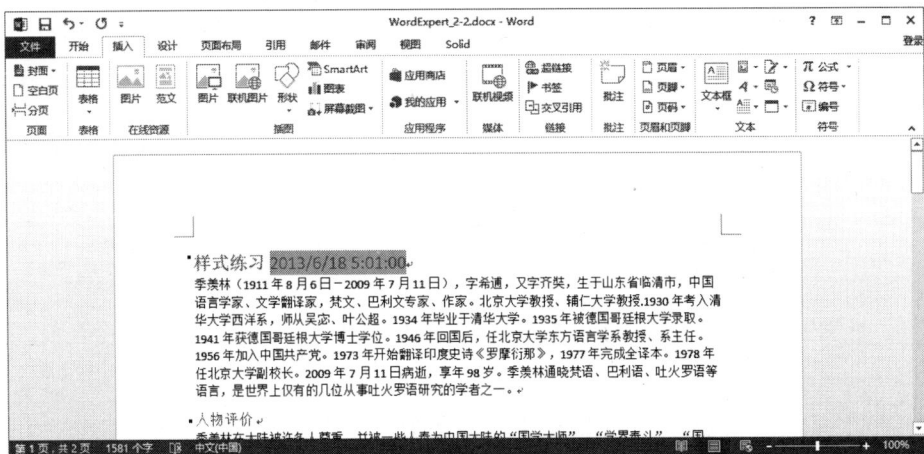

G02WE02：Keyword 域和 Caps 格式设置开关的域代码屏幕截图。

- *** FirstCap** 表示第一个单词的第一个字母大写。例如，使用 Comments 域，表达式 {COMMENTS * FirstCap} 显示输入文档中首字母大写的 Comments 域中的值。

（如 *Monthly progress report*）。

- *** Upper** 表示所有字符大写字母。例如，{KEYWORDS \ *Upper} 表示文档中定义为关键词的词语用大写字母显示。

- *** Lower** 表示所有字母都小写。例如，{FILENAME*Lower} 表示文档名称都用小写字母显示。

下面的列表介绍了一些可以用来设置域中的数字和字符格式的开关。

- *** Arabic** 域中数据显示为阿拉伯数字。{ PAGE * Arabic } 显示页码为 11，16，和 107 等阿拉伯数字。如果在"页码格式"对话框的"数字格式"区的设置不是阿拉伯数字，使用此开关将取代在对话框中的设置。

- *** roman** 域中的数据显示为罗马数字。数据的大小写形式与在域代码中单词 roman 大小写形式一致。例如，{PAGE \\ *roman} 显示页码为 "vii"，{PAGE \\ * ROMAN} 显示为 "VII"。

- *** MERGEFORMAT** 当域更新时，保持域的格式设置。例如，如果将斜体应用到由域代码 {KEYWORDS \\ * MERGEFORMAT} 显示的关键字，关键字更新时，Word 保留此格式设置。当通过使用"域"对话框插入域时，Word 默认包含 * MERGEFORMAT 开关。在"域"对话框清除"更新时保留源格式"复选框，可关闭此开关。

➤ **将格式应用到域数据**

1. 在**插入**选项卡**文本**组中，单击**文档部件**，然后单击**域**。

2. 在**域**对话框**域名**列表中，选择要添加到文档的域。

3. 单击**域代码**显示**高级域属性**区域。

4. 在**域代码**框中，输入要使用的域格式开关，然后单击**确定**。

➤ **在域代码中插入开关**

1. 在文档中鼠标右键单击该域，然后单击**切换域代码**。

2. 在域代码中，域名后，输入要使用的格式开关。

3. 右键单击该域代码，然后单击**更新域**来显示结果。

使用高级布局选项

Word 文档布局涉及如页边距 \\ 页面大小 \\ 页面方向和栏等元素。其他元素还有页眉或页脚、边框、分页符、分节符。通过使用功能区的"页面布局"选项卡上的选项和其他命令组，可以控制文档的布局。对于设置更高级的布局，我们通常使用如"页面设置"对话框等影响段落和分栏的设置选项。

有关插入和使用节的更多信息，请参阅本节后面要讲的话题"使用文档分节"主题。

设置页面

"页面布局"选项卡上的"页面设置"组包含内置命令，用于设置页边距、纸张方向、纸张大小和分栏。打开"页面设置"对话框可以使用更高级的设置选项。

在该对话框的"页边距"页的"页边距"区，设置页边距的宽度。增加"装订线"框中的值（默认为 0）产生的空间用于装订对开页，像一本装订的书或报告一样。

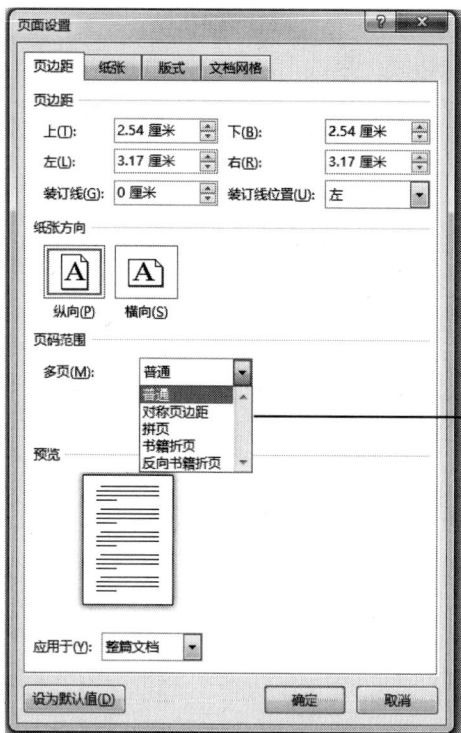

在"多页"列表选项设置可以修改页边距和装订线的设置

G02WE03："页面设置"对话框"页边距"页面屏幕截图。

"多页"列表中的选项会影响到页边距的设置。

- **普通** 此选项用于设置上、下、左、右页边距。指定装订线量度和位置（文档左侧或顶部，对话框的预览区域显示设置后的文档布局效果）。

- **对称页边距** 此设置适用于双面打印的文档。使用此设置，可以设置上、下、内侧和外侧页边距，设置页之间的装订线（这些页可能要装订在一起）。

- **拼页** 此选项用于设置外侧、内侧、左、右页边距。还可以设置页面的顶部和底部装订线。

- **书籍折页** 此选项设置上、下、内侧和外侧页边距。可以指定对开页之间的装订线。

"页面设置"对话框的"纸张"页面上的纸张大小选项与功能区上的"大小"菜单纸张大小选项相同，但也包括"自定义大小"选项。使用此选项，可以指定纸张的宽度和高度。例如，一本书纸张的宽度和高度可能为 9 英寸和 7 英寸，而不是标准信纸大小。在定义了多个节的文档中，可以根据需要为每节中的纸张设置不同的纸张来源（打印机纸盒）。

> 有关使用"页面设置"对话框中的"布局"页的信息，参见本节后面要介绍的主题"使用文档分节"。

"页面布局"选项卡的"页面设置"组还提供了在文档布局中使用分栏的选项。"分栏"对话框提供了 5 种预设的分栏选择（与"页面设置"组中的"分栏"菜单上的选择相同），并可指定每页分栏最多可达 13 栏。可以调整栏宽（在默认情况下，各栏的宽度相同）和各栏之间的间距，显示各栏之间的分界线。

使用功能区上"分隔符"菜单可以插入手动分页符、分栏符和分节符。使用"分隔符"菜单上的"文字环绕"命令可以插入额外的间距，使文本和对象界线更加清楚。

"行号"命令沿文档的左边距插入行编号。行编号通常用于法律文件以方便引用。可以选择通篇文档连续编号或每页或每节重新编号。还可以设置行号选项，如行号和文本之间的距离。

"断字"也会影响页面的外观。Word 默认不在文档中断字。如果选择让 Word 自动断字，可以设置一个选项来限制连续的连字符数量。如果选择手动断字，Word 将显示对话框，用户可以使用 Word 建议的断字方案，或在一个单词中重置连字符。

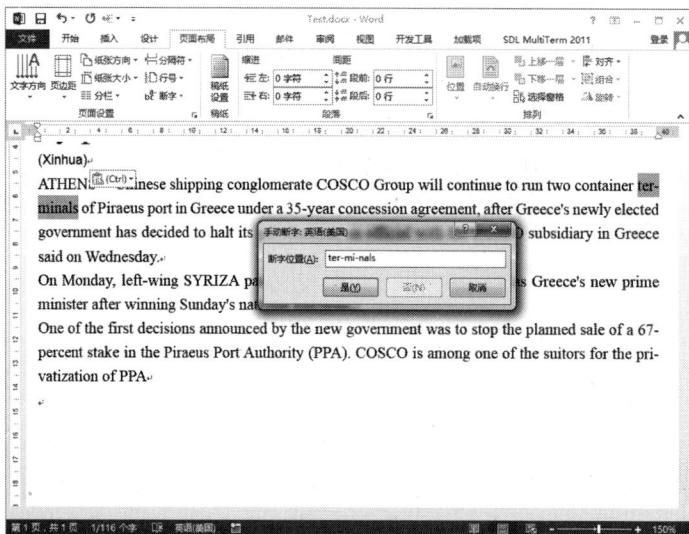

G02WE04："手动断字"对话框屏幕截图。

➤ 设置自定义页边距

1. 在**页面布局**选项卡**页面设置**组中，单击**页边距**，然后单击**自定义边距**。

2. 在**页面设置**对话框的**页边距**页的**页码**区中，选择想要应用到文档的设置：**普通**、**对称页边距**、**拼页**或**书籍折页**。

3. 在**页边距**区域，输入边距值和装订线的值（如果页面布局要求的话）。

4. 在**应用于**列表中，选择这些设置的应用范围：**本节**、**插入点之后**或**整篇文档**。

5. 单击**确定**。

➤ 设置自定义纸张大小

1. 在**页面布局**选项卡**页面设置**组中，单击**纸张大小**，然后单击**其他页面大小**。

2. 在**页面设置**对话框**纸张**页**纸张大小**列表中，选择**自定义大小**。

3. 在**宽度**和**高度**框中，输入要设置的值。

4. 在**应用于**列表中，选择这些设置的应用范围：**本节**、**插入点之后**或**整篇文档**。

5. 单击**确定**。

➤ **设置自定义分栏**

1. 在**页面布局**选项卡**页面设置**组中，单击**分栏**，然后单击**更多分栏**。

2. 在**分栏**对话框中，选择预设的栏数或布局，或者在**栏数**框指定要创建的栏数。

3. 在**宽度和间距**区，设置栏的宽度和间距，或选择**栏宽相等**复选框。

4. 在应用于列表中，选择这些设置的应用范围：**本节、插入点之后**或**整篇文档**。

5. 单击**确定**。

调整段落间距和缩进

使用"页面布局"选项卡"段落"组中的选项可以修改文本缩进和段前、段后的间距。单击"段落"组的对话框启动器，打开"段落"对话框，可以看到"缩进和间距"页。

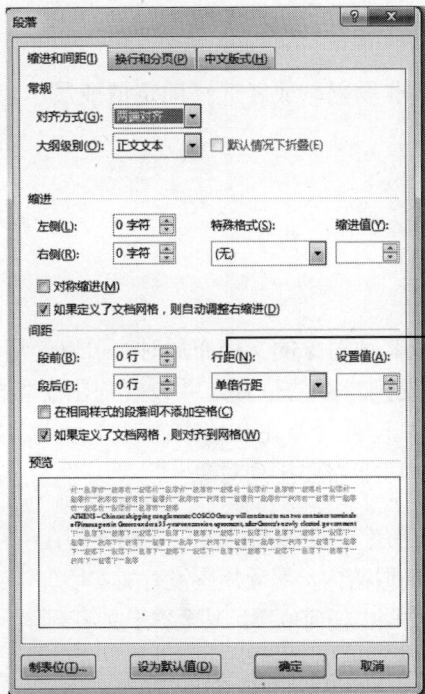

行间距选项控制段落之间和文本行之间的间距

G02WE05："段落"对话框"缩进和间距"页面的屏幕截图。

"段落"对话框中的选项对缩进和行间距进行调整。在"缩进"区，如果设置文档双面打印，选择"对称缩进"复选框。"特殊格式"列表用于设置首行缩进或悬挂缩进。悬挂缩进经常用来创建项目符号列表。

在"间距"区，可以从"行距"列表（单倍、双倍或 1.5 倍）选择标准设置，或使用"固定值"或"最小值"选项。使用最后两个选项，可以在"设定值"列表中指定行间距的值。对于"最小值"选项，Word 要么使用该值，要么使用适合行内最大字体或图形的值。"固定值"选项应用用户指定的高度值，而不管其内容。

➤   **调整段落设置**

1. 在**页面布局**选项卡**段落**组中，单击对话框启动器。

2. 在**段落**对话框，设置页面左侧和右侧的缩进值。

或

选择**对称缩进**复选框，然后指定页面内侧和外侧边框的值。

3. 在**间距**区，设置段前和段后间距的值。

4. 在**行距**列表中，选择一个标准设置，或者选择**固定值**或**最小值**，然后指定要使用的行距值。

5. 单击**确定**。

排列页面上的对象

当设置包含插图、图片、图表或其他对象的文档布局时，可以使用"页面布局"选项卡"排列"组中的选项来安排对象的位置，并设置周围文本的环绕方式。还可以更改对象的排列顺序，并设置对象在文档中的对齐方式。当制作通讯、杂志和带插图的报告类文档时，可能需要排列对象。

文本和对象出现在文档中不同的"层"，可以将对象与文档排列在一行，即同一层上，这意味着对象只能放在单一的段落内，对象周围没有文本环绕。当设置对象周围有文本环绕时，对象可以放在文档中任何位置，甚至置于文字下方，像水印一样。

> **提示：**使用上移一层、下移一层及相关命令来更改对象与其它对象和文本之间的相互位置。

Word 程序提供了几个预设位置和文字环绕选项。"排列"组中的"位置"库选项用于设置对象在页面上的位置，对象可以嵌入在文本行中，或放置在边距的顶部、中间或底部，或者置于页面顶部、中间或底部的居中位置。"文字环绕"菜单上的选项用于调整对象和文字出现在一起时的位置。例如，"紧密型"选项使文本环绕在对象周围，显现出对象的形状和维度；"四周型"选项使文本大致均衡地排列在对象的四周。

可以通过拖动对象来改变对象的位置，或使用带有多种选项的"布局"对话框，设置对象的位置、大小及与文本的关系（单击"位置"或"自动换行"菜单底部的"其他布局选项"，打开"布局"对话框）。

在"布局"对话框，"水平"和"垂直"区的选项和设置可以修改对象与边距、页面、段落或文本行之间的位置。可以设置对象的"绝对位置"，即用户指定的位置，或使用相对位置，以应对文档边距发生的改变。"布局"对话框"位置"页面上的其他选项可以用来固定对象在页面上的位置，或允许对象随文本插入或删除而移动。

除了预设的文字环绕选项，"文字环绕"页面上提供的选项可以用来指定文字是否只在对象的一侧或位于空间最大的一侧。还可以指定对象四周（上下左右）距离正文文本的距离值。

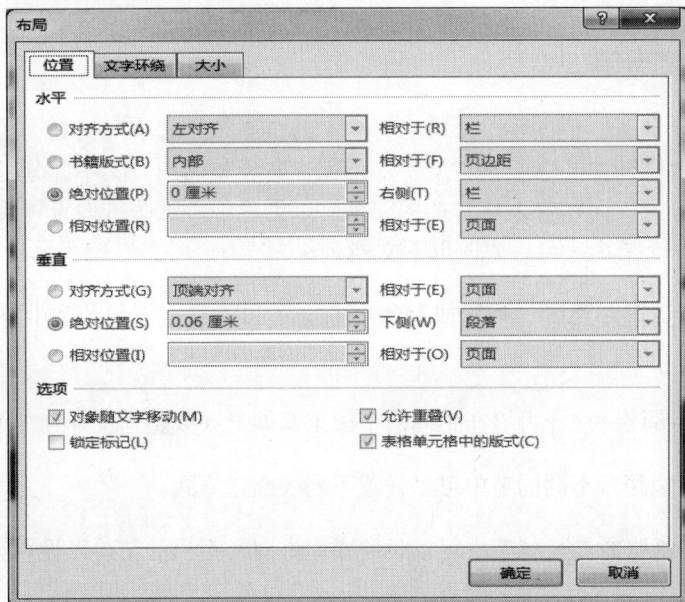

G02WE06："布局"对话框屏幕截图。

"布局"对话框的"大小"页上的选项用于精确控制对象的高度、宽度、旋转和缩放比例。

> 提示："页面布局"选项卡"排列"组中的选项和命令也出现在"图片工具格式"工具选项卡上。切换到"格式"工具选项卡，可以排列对象，也可以访问应用样式和格式效果的命令，如边框和阴影。

➤ 排列页面上的对象

1. 选择对象。

2. 在**页面布局**选项卡**排列**组中，单击**位置**，然后选择一个选项，把对象放置在页面上。

3. 在**排列**组中，单击**自动换行**，然后单击想要设置的文字环绕方式。

4. 单击**自动换行**，然后单击**更多布局选项**。

5. 在**布局**对话框中，使用**位置**、**文字环绕**和**大小**页上的设置来调整对象的位置和对齐方式。

处理文档分节

通过在一个文档中创建节，可以将不同的页面布局选项应用到不同的节中。例如，一篇文档中，除了包含文字，还包含宽表和插图，文字部分可以使用默认的纵向方向，而包含表格和插图部分可以创建节，纸张方向设置为横向。在文档中的一个节内，可以更改以下文档元素。

- **页眉和页脚**   页眉或页脚中的文字和页码在不同的节中可以有不同的设置。

- **脚注**   注释可以在不同的节中重新编号（或整篇文档连续编号）。

- **边距**   不同的节中可以设置不同的缩进方式。

- **纸张方向**   一节中可以设置横向方向，而另一节可以设置纵向方向。

- **纸张大小**   一节可以使用信纸，而另一节使用法律专用纸。

- **分栏** 不同节设置的分栏栏数可以不同。

分节符有四种类型。

- **下一页** 在一个页面上开始新的一节。

- **连续** 在同一页上开始新节。例如，同一页上可以设置不同的分栏栏数。

- **偶数页** 在下一个偶数页开始新节（如果下一页为奇数页，该页为空白页）。

- **奇数页** 在下一个奇数页开始新节（如果下一页为偶数页，该页为空白页）。

> **提示：** 当应用某些格式到选定文本时，Word 会自动插入分节符。例如，如果在一个页面上选择了一个或多个段落，然后设置格式使这些段落显示在两个或三个栏里，Word 会在选定的文本之前和之后插入连续的分节符。

"页面设置"对话框的"版式"页有关于节的设置选项。可以通过双击分节符标记显示"版式"页。

"版式"页的"节的开始位置"区域显示分节符类型。将插入点置于分节符后面的节中，可以使用"节的开始位置列表"中的选项更改分节符类型（如"连续"或"下一页"）。在"版式"页上，也可以选择在同一节内使用奇偶页不同的页眉和页脚，在节的首页使用不同的标题。当定义一节中的页眉或页脚时，可以使用"链接到前一条"命令（该命令位于"页眉和页脚设计"工具选项卡上的"导航"组），中断上一节中的页眉和页脚之间的联系，在当前节创建一个新的页眉或页脚。

> **重要提示：** 如果删除了一个分节符，那么应用于该节内容或页面的节的格式设置将变为被删除节的后面节的格式设置。

➤ 插入分节符

1. 在文档中单击想要插入分节符的开始位置。

2. 在**页面布局**选项卡**页面设置**组中，单击**分隔符**，然后选择要插入的分节符类型：**下一页**、**连续**、**偶数页**或**奇数页**。

➤ **删除分节符**

1. 按 **Ctrl+Shift+8** 显示格式标记。

2. 选择要删除的分节符，然后按**删除**。

➤ **更改分节符类型**

1. 将光标放在要更改分节符的节内。

2. 在**页面布局**选项卡上，单击**页面设置**组对话框启动器。

3. 在**页面设置**对话框中，单击**版式**标签。

4. 在**节的开始位置**列表中，选择要应用的分节符的类型。

5. 单击**确定**。

设置字符间距选项和高级字符属性

"字体"对话框的"高级"页上的选项用于调整字符间距、字间距以及其他版式特性。当处理的文档要显示标题等类型，或文档需要特殊修饰（如证书类文档）时，这些设置和选项就非常有用。

在"字符间距"区的"缩放"列表设定字符的缩放比例（"高级"页上的"预览"区显示设置后的效果）。"间距"列表提供的设置选项（标准、加宽、紧缩）可以增加或减少字符之间的间距。对于"加宽"和"紧缩"选项，"磅值"框可选择加宽或紧缩的量，默认情况下，磅值为 1 磅。"位置"列表中的 3 个设置（标准、提升、降低）用于调整相对于一个基准量来说字符的位置，字符提升或降低的量可在"磅值"框中设置。

字间距选项用于微调字符的间距。字间距不如文档正文使用的字体大小那么明显，但在使用较大字体的明显标题中（尤其是在某些字符之间，比如 F 和 L 之间），字间距的设置有助于辨读。当"为字体调整字间距"复选框选定时，Word 会应用字间距设置。Word 使用"磅或更大"列表中的设置指定要应用的字间距的值。

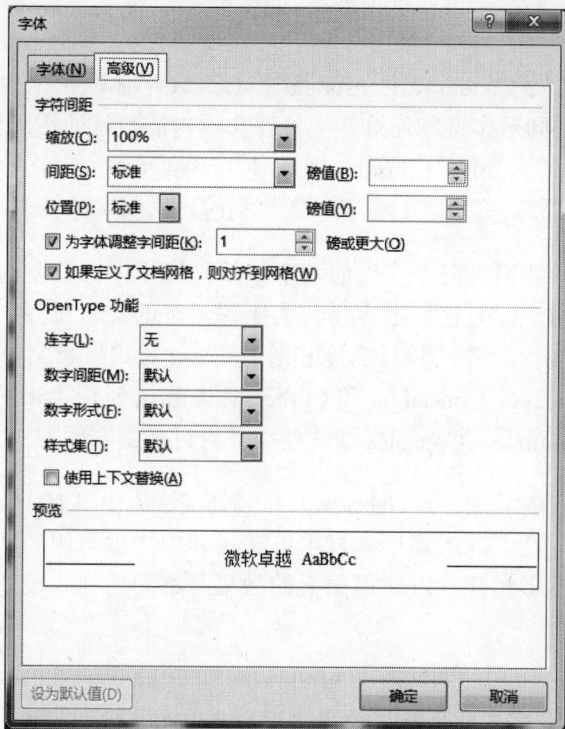

G02WE08："字体"对话框"高级"页面屏幕截图，其中包括应用于文本的样式设置预览。

"高级"页的"OpenType 功能"区的设置仅适用于某些 OpenType 字体（OpenType 字体与 TrueType 字体相关，都用于许多不同的计算机系统）。有些字体，如 Calibri、Cambria、Constantia、Corbel 和 Gabriola，包含在 Windows 系统和 Office 程序中。下面的列表介绍了"OpenType 功能"区的设置。

● **连字** 连字是指两个或更多个字母组合的一个字符。连字用于设置美学效果。字体设计人员可以选择是否将连字包含在以下一个或多个类别中。用户可以选择从所有这些类别中使用连字或不从这些类别中选择。

○ **仅标准** 标准连字随语言不同而不同。在英语中，常见的连字将字母 f、l 或 i 与之前的 f 连接在一起。

○ **标准和上下文** 此设置包括专为字体设计的字符组合。

○ **历史和任意** 这些连字包含了曾经作为标准连字的组合（如 ct

和 st）。

- **数字间距** 如 Candara、Constantia 和 Corbel 字体默认使用成比例的数字间距。不同数字宽度使这些字体在文本内能很好地适用。有些字体，如 Calibri、Cambria、Consolas 默认使用表格间距。表格数字有相同的宽度。当需要对齐数字数据表中数字列时，这些字体就非常有用。

- **数字形式** 使用"旧样式"的数字字符高度不同，数字出现在文本中时经常使用，因为它们很容易与大小写混杂的文本对齐。"内衬样式"数字在基线上对齐，并且高度相等。"内衬样式"数字更多用于数字数据。Candara、Constantia 和 Corbel 字体默认使用"旧样式"数字。Calibri、Cambria、Consolas 默认使用"内衬样式"数字。

- **样式集** 某些字体（如 Gabriola）在装饰类文本中具有用高度样式化的字符组合。在"样式集"列表中可选择其中一种可用的样式集。通常需要想尝试多种样式以获得想要的效果，不同的样式集适用于不同的字符。

> **提示：** 要检查一种字体是否默认使用"旧样式"或"内衬样式"，打开控制面板中的"字体"，然后双击字体。显示在字体示例文本中的样式通常就是该字体的默认样式。在一般情况下，使用"旧样式"的数字字体也使用成比例间距。同样，使用"内衬样式"的数字字体最常使用表格间距作为其默认设置。
> 如果想检查任何连字是否包括在字体内，在 Windows 中打开字符映射表。（在 Windows 8 中，在"启动"屏幕输入字符映射表）。选择要检查的字体，滚动字符列表的底部，然后检查如 fl 和其他连字。

链接文本框

在大多数 Word 文档中，文字一页一页出现在已定义的边距内。在简报或报告类的文档中，用户可能想将文字放置在一个特定的位置加以强调，这时可以使用文本框。和处理其他对象（如图片或形状）相似，可以从"插入"选项卡添加到文档。可以给文本框添加边框或设置填充效果，还可以旋转文本框。

> **提示**：当把一个文本框添加到一个文档时，可以选择一个内置的文本框样式，或自己绘制文本框并定义其边界。然后，使用手柄改变文本框的尺寸和方向（当文本框中选定是手柄就会出现）。

当添加两个或多个文本框到一个文档（如通讯类文档）时，可以将文本框链接起来。当一个文本框中文字超出该文本框的边界时，会自动流入到链接的文本框中。如果缩短或延长在链接的文本框的文本，该文本会重新流动以反映所做的修改。

> **重要提示**：只能链接到一个空文本框。如果尝试链接到已包含文本的文本框，Word 将显示错误消息。

链接文本框的过程中，Word 将显示视觉提示。在此过程中鼠标指针形状会发生改变，选定第一个文本框时，指针变为直立的杯子形状，然后变成一个溢出字母的杯子，表明选择第二个文本框时文字会从第一个杯子流向第二个杯子。

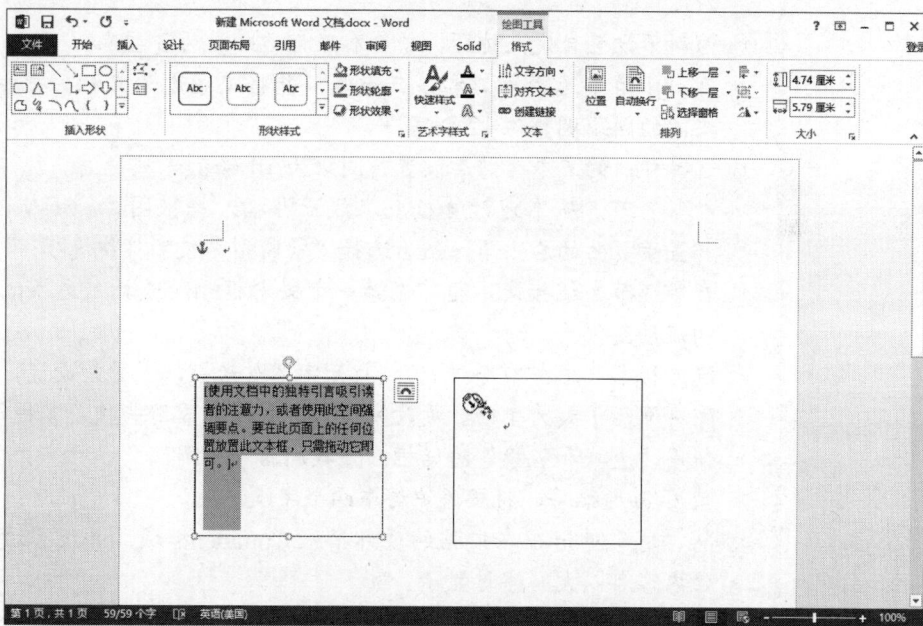

G02WE09：链接两个文本框屏幕截图，鼠标指针显示为溢出字母的杯子。

➤　**链接文本框**

1. 选择要链接到另一个文本框的文本框。

2. 在**格式**工具选项卡**文本**组，单击**创建链接**。

3. 移动到要链接过去的文本框，然后单击该文本框。

➤　**断开链接**

1. 选择已链接到另一个文本框的文本框（在上述流程第 1 步中选定的文本框）。

2. 在**格式**工具选项卡**文本**组单击**断开链接**。

实践任务

这些任务的实践材料位于 MOSWordExpert2013\Objective2 实践材料文件夹，将完成的任务保存到相同文件夹中。

● 打开文档 *WordExpert_2-1* 并执行以下操作。

○ 在标题前插入一个连续分节符作为第 1 节，再插入一个分节符作为第 2 节。

○ 为新节设置自定义边距，顶部和底部边距设为 3 厘米。

○ 在第 1 节中选择第二和第三段落，并将文字设为三栏。把栏 1 和栏 2 之间的间距调整为 12 个字符。

○ 选定栏内的文本，然后设置行间距为 10 磅。

○ 在第 2 节，从本地计算机或在线资源插入一张图片。调整图片大小，并置于页面的右上角，然后选择"紧密型"文字环绕选项。

○ 在第 3 节，链接文本框。在第一个文本框删除或插入文字，观察文本的流动变化。

○ 选定标题（文档布局练习）。打开字体对话框，并更改设置，使标题的字符间距扩大为 1 磅。更改字体为仿宋，并应用一种或多种样式集。

○ 使用"查找和替换"对话框，查找词语"中国"。

○ 使用 \n 通配符，将短语中国中两个字反过来。

○ 从"域"对话框在文档的顶部插入 Comments 域，并设置域格式使批注内容都以大写字母显示。

2.2 应用高级样式

Word 文档中每个段落都可以设置一种专门的样式。创建文档时可以通篇只使用默认的正文样式，然后添加粗体或斜体，增加或减小字体大小，采用不同的字体，添加文字效果等，对文本和其他元素进行格式设置。但是，即使文档中只包含一个或两个级别的标题及正文的文字段落，要使同类的元素保持一致也需要做大量的工作。样式可以使文档元素外观保持一致，样式应用到文档后，可以一次性更改样式属性，Word 程序会在整篇文档中更新样式。

> **提示**：要轻松查文档中的每个段落应用了哪种样式，切换到草稿或大纲视图（可能需要增加样式区窗格，在 Word 选项对话框的"高级"页面"显示"区）。Word 还能在"样式"库突出显示应用到选定段落的样式。

本节将介绍如何创建和修改样式，包括使用特殊字符样式来设置段落中的特定词或单个字符的格式。本节还将介绍如何定义应用样式的快捷键。

自定义现有样式的设置

定义样式的基本设置包括字体属性（字体、字号和颜色）、格式设置（如粗体或斜体）、文本对齐方式（居中、左对齐、右对齐、两端对齐）、行间距、段落间距和缩进。样式定义还包括设置字符间距、边框和文字效果，如阴影、文字轮廓和填充。

通过更改这些设置，可以修改内置样式或文档模板中定义的样式。"修改样式"对话框在"预览"框中列出样式的属性。

使用"修改样式"对话框中"格式设置"区上的控件可以自定义一个样式的基本设置（这些设置与"开始"选项卡"字体"和"段落"组上的设置大致相同）。单击对话框底部的"格式"按钮将打开一个命令菜单，单击菜单上的命令会打开更多对话框，用来调整基本元素的设置，包括字体和段落设置，还可以定义或更新边框、图文集、列表格式和特殊文字效果。

G02WE10："修改样式"对话框屏幕截图,其中选中"样式 1"样式。

修改样式时,请务必查看"修改样式"对话框的底部复选框和选项按钮。如果重命名了一种样式,并希望将其添加到"开始"选项卡上的"样式",选择"添加到样式库"复选框。如果想自动更新修改过的样式定义,选择"自动更新"复选框。这些修改都会反映到文档中。

如果想更改相关模板中样式定义的部分样式,选择"基于该模板的新文档"复选框。如果这正是当前所使用的范围,选择"仅限此文档"复选框。

要修改现有样式,也可以先选定使用该样式的文本,然后使用"开始"选项卡"字体"和"段落"组上的控件设置文本格式。当文本中含有想要的样式的格式,在样式库(或样式窗格)右键单击该样式名称,然后单击"更新样式名称以匹配所选内容"。

提示:在 Word 选项对话框"高级"页面上的"编辑"区域中,选择"提示更新样式",这样,当从含有更新的格式的"样式"库应用一个样式时,Word 就会显示一个对话框。在该对话框中,Word 会提示更新样式,以包括最近的修改,或重新应用样式中定义的格式。

➤ **修改现有样式**

1. 在**样式**库，右键单击一个样式，然后选择**修改**。

2. 在**修改样式**对话框中，通过修改字体、特定的字体属性、缩进、行间距和其他设置来改变样式的属性。

3. 要应用更详细的设置，单击**格式**，然后选择想要设置格式的元素的命令，如**段落、字体、边框**或其他元素。

4. 要将所做的修改保存到当前模板，选择**基于该模板的新文档**。

5. 单击**确定**。

创建自定义样式

创建一个样式时，需要使用"根据格式创建新样式"对话框，该对话框上的设置选项与"修改样式"对话框相同。如果选择的文本包含想要的样式设置，"根据格式创建新样式"对话框就会显示这些设置。使用"设置格式"区上的控件和"格式"菜单中的选项，可以进一步定义样式属性。

在"根据格式创建新样式"对话框的"属性"区，可以定义样式的名称、样式类型、样式基准以及 Word 自动应用到应用新样式的段落之后的段落的样式。

- **样式类型** 样式类型包括段落、字符、链接、表格和列表。链接样式比较特殊。当选择一个链接样式时，Word 根据文档中选定的内容，应用样式中定义的字符格式（例如字体颜色，而不是行距），或该样式的完整定义设置。当选定一个或多个单词时，选择一个链接样式将应用该样式的字符格式。未被选中的文本则不会改变，仍保持当前段落格式设置。如果选择了一个段落或将插入点放在段落中，选定的链接样式将应用该样式中定义的字符设置，也应用段落设置。

> 有关字符样式的详细信息，请参阅本节后面将要介绍的"创建特殊字符样式"。

- **样式基准** 选择作为创建新样式基准的一种样式。例如，选择内置的"正文"样式作为新建样式的基准，然后可以改变"正文"样式中的字体设置，Word 也将随之改变基于"正文"样式的新样式的字体。

- **后续段落样式**　选择一个段落样式，使后续的段落也采用该样式。当按回车键插入一个分段符时，Word 就会在后面段落中应用该样式。例如，对于一个标题样式，在列表中指定"正文"样式或其他文本样式。

➤ 创建自定义样式

1. 单击**样式**组右下角的**样式**对话框启动器。

2. 在**样式**窗格底部，单击**新建样式**。

3. 在**根据格式设置创建新样式**对话框中，定义样式的属性（名称、类型和其他属性），然后设置字体、字体属性、缩进、行间距和其他设置。

4. 要应用更详细的设置，单击**格式**，然后选择想要设置格式的元素的命令，如**段落**、**字体**、**边框**或其他元素。

5. 要将所做的修改保存到当前模板，选择**基于该模板的新文档**。

6. 单击**确定**。

创建特定字符样式

在很多情况下，我们可以看到一个段落样式需要的所有格式设置，如缩进、字体大小、行间距等。在一个段落中，可以使用"开始"选项卡"字体"组中的控件或通过选择"字体"对话框中的选项，设置字符格式。还可以专为一组字符创建样式，然后在设置文档格式时应用这些样式。

在"根据格式设置创建新样式"对话框"样式"类型列表中选择了"字符"类型后，该对话框中的选项随之变为适用于字符样式的选项。

在"样式基准"列表中，Word 显示默认的段落字体。打开"样式基准"列表，然后从中选择内置的字符样式（如果想使用其中的一个样式作为起点的话）。在该对话框的"格式"区域，只有与字符格式相关的选项可用于定义样式。

字符样式在定义中只使用字体属性

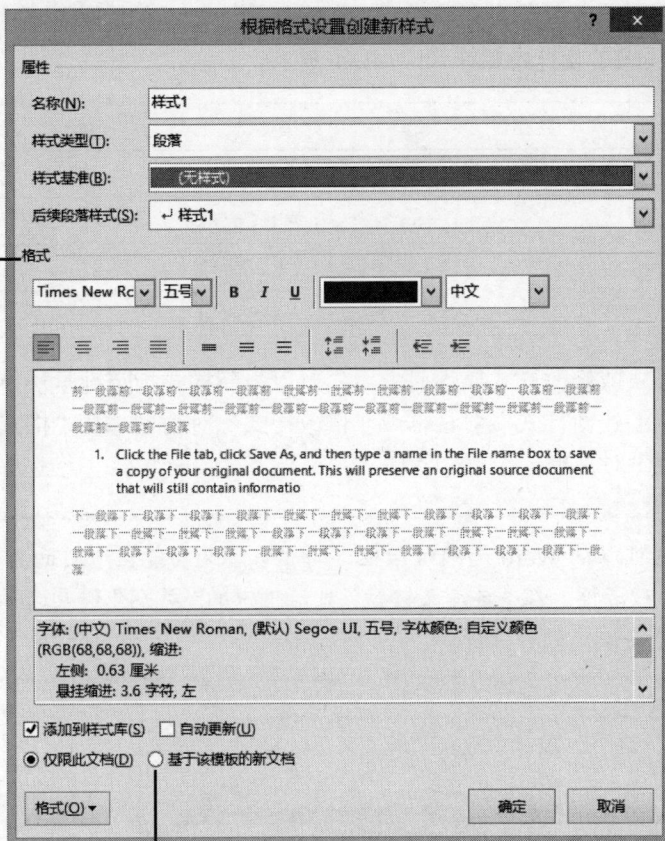

选择此选项可将样式添加到当前模板

G02WE11："根据格式设置创建新样式"对话框的屏幕截图，其中显示创建字符样式的选项。

➤ 定义字符样式

1. 在**开始**选项卡**样式**组，单击对话框启动器。

2. 在**样式**窗格底部，单击**新建样式**。

3. 在**根据格式设置创建新样式**对话框中，在**样式类型**列表中选择**字符**。

4. 使用**格式**区的选项定义样式属性。

为样式指定键盘快捷键

使用键盘快捷键应用样式有助于用户在输入文档文字和其他内容时设置文档格式。Word 提供了几种内置样式的键盘快捷键。

样式	快捷键
正文	Ctrl+Shift+N
标题 1	Alt+Ctrl+1
标题 2	Alt+Ctrl+2
标题 3	Alt+Ctrl+3

当创建新样式或修改样式属性时，用户可以为新样式指定键盘快捷键。在"根据格式设置创建新样式"对话框或"修改样式"对话框，从"格式"菜单中打开"快捷键"对话框。

> **提示**：也可以从 Word 选项对话框中的"自定义功能区"页面打开"自定义键盘"对话框。在"自定义键盘"对话框中的"类别"列表选择"样式"，然后选择要使用的样式。

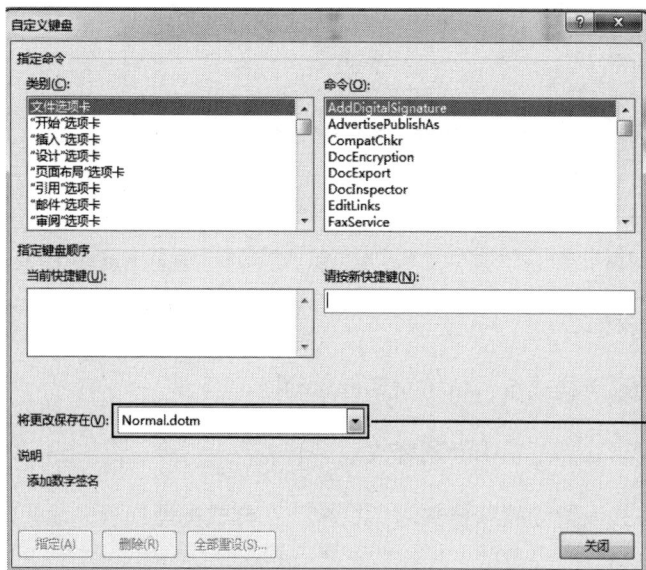

从这个列表中选择一个模板或文档保存键盘快捷键

G02WE12："自定义键盘"对话框设置屏幕截图，可为 AddDigitalSignature 样式指定一个键盘快捷键。

把一个键盘快捷键分配给一个样式时，可以将其保存到当前的模板（包括 Normal.dotm，这样任何文档都可以使用该快捷键），或仅保存到正在使用的文档。快捷方式中必须含有 Ctrl 键或 Alt 键（也可同时包括这两个键）作为快捷键的第一个键，并至少含有一个字符键（A 到 Z、1 到 9、标点符号和特殊字符）。快捷键序列中也可以包括 Shift 键和功能键（F1 到 F12），尽管这些键通常已经分配给其他操作了。输入键盘组合键时，Word 程序会提示该组合键是否已经定义以及已为其分配哪个样式或其他操作。

➤ **将键盘快捷键分配给样式**

1. 在**修改样式**对话框中，单击**格式**，然后单击**快捷键**。

2. 在**自定义键盘**对话框中，单击**请按新快捷键**框。

3. 在键盘上，按下快捷键序列。

4. 单击**指定**，然后单击**关闭**。

实践任务

这些任务的实践材料位于 MOSWordExpert2013\Objective2 实践材料文件夹，将完成的任务保存到相同文件夹中。

● 打开文档 *WordExpert_2-2* 并执行以下操作。

○ 修改样式 "Book Extract"，删除悬垂的首行和字体颜色。

○ 创建一个名为 "作者" 的样式和名为 "回到标题" 的样式。自己选择设置格式。拖动滚动条到文档的末尾，将这些样式应用到 "关于作者" 节中。

○ 创建一个名为 "术语" 的字符样式，使用粗体和深蓝色字体颜色作为该样式的主要属性。将该样式应用到文档中当前使用 "强调" 样式的部分。

○ 为上面刚创建的样式 "Back Matter Title" 指定一个快捷键。

2.3 应用高级排序和分组

本节将介绍两种方法来组织和管理更长的文档：使用大纲和主控文档。本节还将介绍如何链接文档元素以便于文档导航。

创建和管理大纲

大纲是一种层级结构，用于组织长文档、报告和和演示文稿。在 Word 中，可以使用内置的标题样式（标题 1 到标题 9）来组织大纲（大纲不需要包括每个级别的标题样式）。标题级别反映在其所处大纲结构中的位置：主标题、副标题、子标题。

在"大纲"视图，Word 提供了用于创建、显示和组织大纲的工具。"大纲"视图显示大纲的结构，不同级别的标题会稍微缩进。还可以在"页面"视图、"草稿"视图或"Web 版式"视图下创建一个大纲。在"开始"选项卡"段落"组中的"多级列表"命令，提供了大纲样式的内置选项和用于定义一个自定义多级列表样式的选项。

该库显示大纲的内置样式

G02WE13："多级列表"库屏幕截图。

> **提示：** 如果使用自动编号列表功能创建一个单级编号列表，可以将列表转换为大纲。在列表中选择一个项目，单击"开始"选项卡"段落"组中"编号"旁边的箭头，然后单击"更改列表级别"，再单击该项目的大纲级别。

在页面视图、Web 版式视图或草稿视图中，打开"导航"窗格，文档中的标题以大纲形式显示在窗格中。右键单击其中一个标题，可以调整标题的级别、添加标题和副标题到文档、删除一个标题以及调整大纲视图。

在"大纲"视图中创建一个大纲时，输入的第一行的样式为标题 1，并在大纲结构中指定为第一级。继续输入标题和内容时，使用"大纲工具"组上的选项，可以升级或降级大纲中的项目、调整项目顺序、展开或折叠大纲的视图、设置只显示标题等。还可以设置只查看大纲的具体级别。

使用这些控件可以升级或降级标题。使用这些控件移动
大纲中的项目，展开或折叠选定的项目

G02WE14：在大纲视图下打开的一个文档的屏幕截图。

Word 程序提供了一组快捷键来查看和组织大纲结构。

操作	键盘快捷键
切换至大纲视图	Ctrl+Alt+O
只显示 1 级标题	Alt+Shift+1
显示标题为 2 级	Alt+Shift+2
显示标题为 3 级	Alt+Shift+3
显示标题为 4 级	Alt+Shift+4
显示标题为 5 级	Alt+Shift+5
显示标题为 6 级	Alt+Shift+6
显示标题为 7 级	Alt+Shift+7
显示标题为 8 级	Alt+Shift+8
显示标题为 9 级	Alt+Shift+9
升一级	Shift+Tab 或 Alt+Shift+ 左箭头
降一级	Tab 键或 Alt+Shift+ 右箭头

续表

操作	键盘快捷键
展开折叠的大纲	Alt+Shift+ 加号
折叠展开的大纲	Alt+Shift+ 减号
向上移动	Alt+Shift+ 向上箭头
向下移动	Alt+Shift+ 向下箭头

➤ **在"大纲"视图创建一个大纲**

1．创建一个空白文档或一个基于模板的文档。

2．在**视图**选项卡**视图**组中，单击**大纲视图**。

3．在文档中输入标题，使用**大纲级别**列表为每个条目指定大纲级别。

➤ **在"大纲"视图管理大纲**

切换到**大纲**视图，然后执行以下任一操作。

○ 要升级大纲中的一个标题（使副标题成为主标题），在**大纲工具**组单击**升级**。

○ 要降级一个标题，选定该标题，然后在**大纲工具**组单击**降级**。

○ 要在大纲内部移动一节内容，选择该节的标题，然后在**大纲工具**组单击**上移**或**下移**。

○ 要改变大纲的视图，在**大纲工具**组单击**展开**或**折叠**。

○ 要查看具体一个级别及该级别以上的标题，在**显示级别**列表中，选择要查看的级别。

➤ **使用内置多级列表样式创建大纲**

1．在**开始**选项卡，单击**多级列表**，然后单击要使用的样式。

2．输入一个顶级标题，然后按**回车键**。

3．按 **Tab 键**在第 2 级输入一个标题。

4．继续输入大纲标题。按 **Tab 键**在下一级下添加标题，或按 **Shift+Tab 键**在大纲结构中上移一级。

创建主控文档

主控文档是其他被称为子文档的容器。设置主控文档有助于管理一组相关的文档，这些文档拥有一个共同的目录、共同的图表、一套交叉引用、脚注或尾注或索引。当一个团队一起处理包含多个部分的文档时，可以创建一个主控文档和子文档。团队成员可以在不同的子文档独立工作。此外，通过使用主控文档，可以在主控文档内搜索和替换文本，而不必在每个子文档中执行此操作。

功能区上的"主控文档"组出现在"大纲"视图中"大纲"选项卡上。单击"主控文档"组"显示文档"按钮，将显示用于创建主控文档和和管理其子文档的命令。

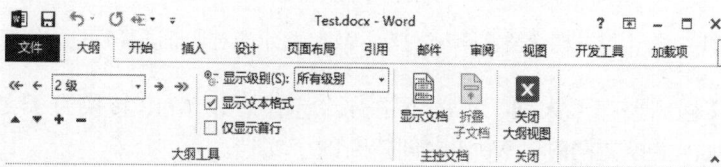

G02WE15：显示主控文档组的"大纲"选项卡屏幕截图。

功能区上的"主控文档"命令如下所示。

- **显示文档** 显示或隐藏主控文档的命令（除"折叠子文档"命令外）。

- **折叠子文档** 控制子文档的显示，仅显示子文档的名称和路径或显示完整的子文档（文本、图片和其他内容）。

- **创建** 从大纲中选定的标题创建子文档。Word 在选定的部分中使用顶级标题，创建单独的文件作为子文档。

- **插入** 将文件作为子文档插入到主控文档。

- **取消链接** 删除子文档和主控文档之间的链接，将子文档的内容复制到主控文档。

- **合并** 将选定的子文档合并为一个子文档。新的子文档使用所选定的第一个子文档的名称。

- **拆分**　将一个子文档拆分为多个子文档。

- **锁定文档**　确定一个子文档是否可以修改或只读。

通过插入现有文档作为子文档创建一个主控文档，或将带有大纲结构的文档转换为一个主控文档和子文档。当将现有的文件插入到主控文档时，如果插入的文档使用的模板与主控文档模板不同，Word 会提示使用主控文档的模板。Word 还会提示重新命名这两个文档中的样式，但不要求重命名子文档的样式。如果想保留样式的名称，单击"否"。如果选择让 Word 重命名样式，Word 会添加 1 到样式的名称。

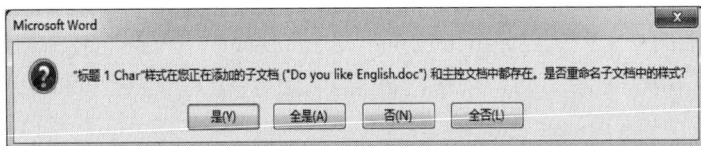

G02WE16：在主控文档中插入现有文档时 Word 显示的对话框屏幕截图。

转换文档需要在"大纲"视图下进行，选择想让 Word 转换为子文档的章节内容。保存主控文档时，Word 中创建新的子文档。

➤　**从现有文档创建主控文档**

1. 创建一个空白文档。

2. 在**视图**选项卡，单击**大纲**视图。

3. 在**大纲**选项卡，单击**显示文档**。

4. 在**主控文档**组，单击**插入**。

5. 在**插入子文档**对话框，选择要插入的文件，然后单击**打开**。

6. 如果出现"Word 将使用主控文档模板"的提示，单击**确定**。

7. 在 Word 显示的对话框中，单击**是**（或**全是**）或**否**（或**全否**）以指定是否重命名样式。

8. 重复第 4 步到第 7 步，插入其他文件作为子文档。

➤　**将一个文档转换为主控文档和子文档**

1. 打开该文档，然后在**视图**选项卡上单击**大纲视图**。

2. 在**大纲**选项卡，单击**显示文档**。

3. 在大纲中，选择要转换为子文档的部分。

4. 在**主控文档**组，单击**创建**。

5. 保存主控文档。

链接文档元素

在长文档中浏览文件内容需要不断拖动滚动条，定位到要查看的文本或某个部分。

可以采取多个方法来使文档内导航更容易。一种办法是打开"导航"窗格显示文档的标题。单击"导航"窗格中的标题可以跳转到文档中该标题下的内容。

> **注意**："导航"窗格还有一个搜索框，用于快速搜索文档中的词或短语。

另一种方式是使用书签和超链接。要设置这些链接，可以使用"插入"选项卡"链接"组上的命令。可以为每个标题、子标题或其他文档元素定义书签。请记住，书签名称不能包含任何空格。

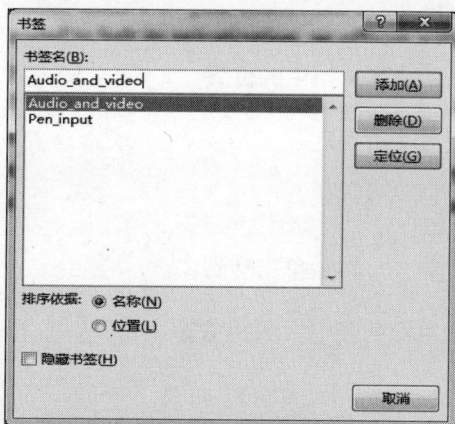

G02WE17："书签"对话框屏幕截图。

此外，还可以从文档目录创建一个超链接到书签。在"插入超链接"对话框，使用"本文档中的位置"选项来指定要链接到的书签或标题。

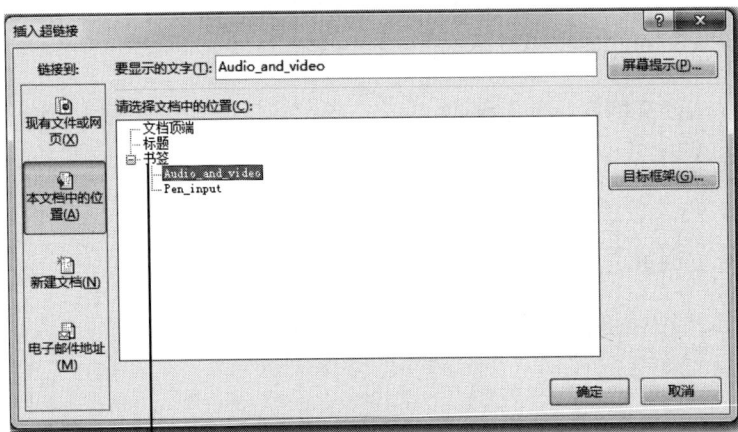

在这里选择一个书签来创建一个链接到文档中此位置的链接

G02WE18："插入超链接"对话框屏幕截图。

➤ 链接文档内容

1. 选择要链接到的文本，然后单击**插入**选项卡时的**书签**。

2. 在**书签**对话框中，命名书签，然后单击**添加**。

3. 选择要插入超链接到书签的文档中的位置。

4. 在**插入**选项卡，单击**超链接**。

5. 在**插入超链接**对话框中，选择**本文档中的位置**。

6. 选择要链接到的书签，然后单击**确定**。

➤ 移动到书签

1. 在**开始**选项卡，单击**查找**箭头，然后单击**转到**。

2. 在**查找**和**替换**对话框**定位目标**列表中，选择**书签**。

3. 选择书签，然后单击**转到**。

> **实践任务**
>
> 这些任务的实践材料都位于 MOSWordExpert2013\ Objective2 实践材料文件夹，将完成的任务保存到相同文件夹中。
>
> - 打开文档 *WordExpert_2-3a* 并执行以下操作。
> ○ 切换到"大纲"视图，使用文件中的标题（这些标题都基于本章讲到的话题）创建一个大纲，反映本章的结构和顺序。
> - 打开文档 *WordExpert_2-3b* 并执行以下操作。
> ○ 创建一个主控文档，要求子文档基于 2.1、2.2 和 2.3 节的内容。
> - 创建一个空白文档，切换到大纲视图，显示主控文档工具，然后执行以下操作。
> ○ 插入文档 *WordExpert_2-3c*、*WordExpert_2-3d* 和 *WordExpert_2-3e* 创建一个主控文档（也可以使用自己的文件创建主控文档）。

目标回顾

结束本章学习之前，确保掌握了以下技能：

2.1 应用高级格式

2.2 应用高级样式

2.3 应用高级排序和分组

第 3 章

创建高级引用

本章中测试的技能涉及创建高级引用，包括索引和目录，具体包括下列目标。

3.1 创建和管理索引

3.2 创建和管理引用目录

3.3 管理窗体、域和邮件合并操作

本章指导读者学习创建和管理文档中不同类型的引用材料，包括索引、目录、引文目录等。完成这些任务要用的大部分工具位于"引用"选项卡上。本章还将讲解如何使用内容控件，如文本框和列表框来设计窗体、如何使用域显示和管理信息，以及如何设置并运行邮件合并操作。

> **实践材料：** 要完成本章实践任务，读者需要获得包含在 MOSWordExpert2013\Objective3 实践材料文件夹中的文件。欲了解更多信息，请参见本书前言中"下载实践材料"内容。

3.1 创建和管理索引

在文档中创建索引，需要两个基本步骤：在文档中标记索引项（通过插入域）；设置 Word 生成索引的选项。Word 使用指定的条目和选项创建索引，基于条目所处文档中的位置指定页码。

可以采用多种方法标记索引项。可以在文档中选择文本作为索引项，在想要索引标记出现的位置插入自己创建的索引项，或使用独立的文件中创建的词语列表插入索引标记，Word 使用该列表扫描正在标记索引的文档，并自动插入索引标记。

一条索引项必须至少含有一层，即主索引项。索引项还可以包括次索引项和交叉引用索引中的其他索引项。索引项可以是指特定某页或一定范围的页。

主索引项的一个例子是样式，可能包含的次索引项，例如应用、创造和更新。在这个例子中，主索引项的页面引用可能跨越多个页面，次索引项覆盖一个单页或多个页。

标记索引项

当手动插入索引项时，在"标记索引项"对话框进行。如果当打开"标记索引项"对话框时选定了文本，该文本将出现在"主索引项"框中。编辑一个文档时，可以使"标记索引项"对话框保持打开状态。单击对话框中将其激活时选定的文本，会替换当前包含在主索引项框中的文本。然而，创建主索引项并不需要一定先选择文字，用户可以自行定义一个主索引项，方法是：光标放置在文档中想要索引引用的位置，然后在"主索引项"框中输入文字。

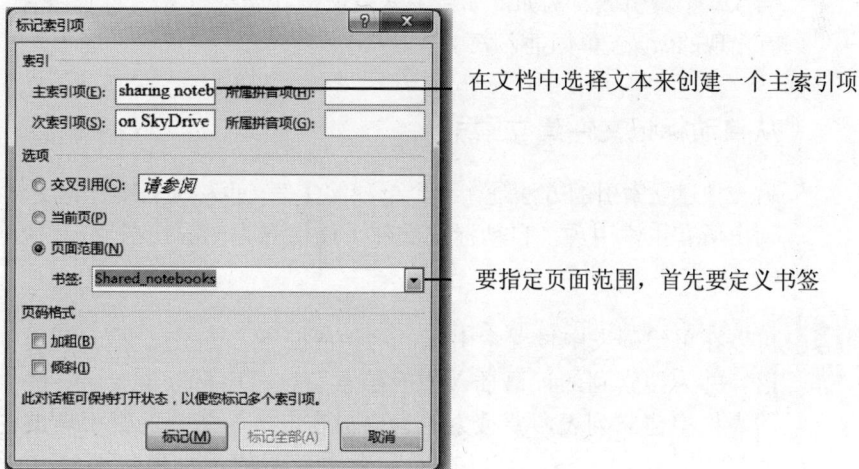

在文档中选择文本来创建一个主索引项

要指定页面范围，首先要定义书签

G03WE01：定义了主索引项的"标记索引项"对话框屏幕截图。

> **提示：**可以设置"主索引项"、"次索引项"和"交叉引用"框中文字的格式，如粗体或斜体。

一个主索引项的次索引项必须手动输入。可以创建一个三级的索引项：在次索引项后面输入一个冒号（:），然后输入第三级索引项的文本。在"选项"区，可以创建一个交叉引用到其他可适用的索引项。

Word 使用域来定义索引项。一个索引域由字符 *XE* 识别，并用大括号将所有关于索引项的信息括起来。索引域以隐藏文本形式显示。如果索引域没有显示在文档中，单击显示"开始"选项卡"段落"组的"显示 / 隐藏 ¶"（段落图标），或按 Ctrl+Shift+8。

下例是一个索引域可能包含的信息：

{XE "formatting:characters: font"\t See also styles"}

跨越多个页面的索引项是指定义在文件中的书签。选择要使用的范围中的段落，然后使用"书签"对话框定义书签。在"标记索引项"对话框中，选择"页面范围"，然后选择定义的书签。使用所提供的选项设置页码格式（粗体或斜体）。

单击"标记索引项"对话框中的"标记所有"按钮，将为义档中所有主索引项插入一个索引域。例如，如果主索引项是 *styles*，单击"标记所有"为文档中所有出现的 *styles* 单词插入索引域。

从自动标记文件建立索引

另一种建立索引的方法是在一个单独的文件（也称为自动标记文件或索引文件）列出所有主索引项。自动标记文件可以保存为 Word 文档或其他格式，如文本（.txt）文件。

可以在单级列表中设置索引项，这种情况下，Word 会搜索列表中每个词或短语，并为搜索到的词语插入相应的索引域。还可以再灵活一些，在一个两列的表格中建立列表，要搜索的词语放在左列，想要的索引项放在右列。通过使用这种两列表格，可以在同一个主索引项下收集如 *format*、*formatting* 和 *formatted* 等词语，将这些词语单独列在左列，并与表格右列的主索引项关联起来。

自动标记文件中的索引项区分大小写。例如，如果自动标记文件包含术语 *text effects*，Word 在标记索引时将不会为 *Text effects* 插入索引域。

插入索引

标记索引项后，可以使用索引对话框设计索引格式，指定其他选项。

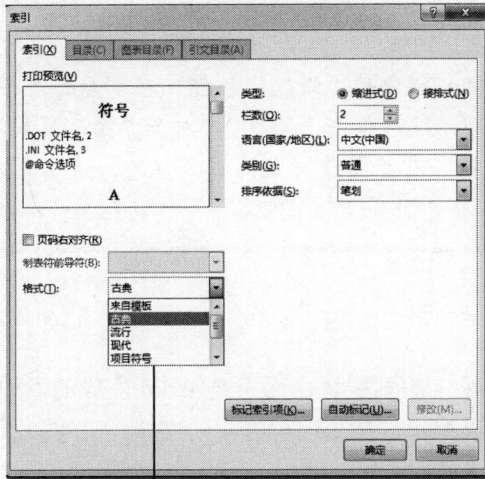

从此列表中选择一个预置索引格式

G03WE02：设置插入一个接排式索引的"索引"对话框屏幕截图。

word 支持两种索引格式：缩进和接排式，主索引项和次索引项的格式如下所示。

Styles: applying, 211; creating, 209; updating

in template, 212

在一个缩进式索引中，索引项以下列格式列出。

Styles

applying, 211

creating, 209

updating in template, 212

当索引的长度作为一个因素时，可以使用接排式以节省空间。当选择一个索引类别时，Word 在"索引"对话框中的"打印预览"区显示该类别的示例。

默认情况下，Word 创建一个两栏索引。可以选择"自动"设置或指定栏数（从一至四栏）。如果设置一个缩进索引，可以更改页码的对齐方式。当选择该选项时，Word 会预览该格式，然后可以选择想要使用的制表符前导符的类型（或者从列表中选择"无"）。"格式"列表提供了几种格式，生成索引时 Word 会将格式应用到索引项。

提示：如果在"格式"列表中选择了"来自模板"，就可以修改索引级别的样式。单击"索引"对话框中的"修改"按钮。在打开的"样式"对话框中，选择一个索引级别，然后单击"修改"，打开"修改样式"对话框，即可修改该索引格式属性。有关修改样式的更多信息，请参见本书第 2.2 节"应用高级样式"。

编辑和更新索引

要编辑索引项，应该编辑特定的索引域，而不是 Word 生成的索引项。在文档中找到索引域，然后就可以编辑大括号内引号中的文字，并可以设置文字的格式。要删除索引标记，选择该域（包括括号），然后按删除键。

更改索引标记后，使用"引用"选项卡上的"更新索引"命令重新生成索引。

提示：需要编辑索引时，可使用"查找和替换"对话框，查找索引域。在该对话框中，单击"特殊格式"（如果没有显示"特殊格式"按钮，单击"更多"），然后选择"域"。单击"查找下一处"移动到第一个域。要继续查找，再次单击"查找下一处"，或关闭对话框，按下 Shift+F4。

➤　**标记索引项**

1. 在**引用**选项卡**索引**组中，单击**标记索引项**。

2. 在文档中，选择文本作为主索引项，然后单击**标记索引项**对话框，将其激活。

或

将光标放在要让一条引用出现在文档中的位置，然后**主索引项**框中输入索引项。

3. 在**次索引项**框中输入一个次索引项。要定义一个三级索引项，将冒号添加到次索引项的末尾，然后输入三级索引项。

4. 在**选项**区域中，执行下列任一操作。

    ○　单击**交叉引用**，然后输入引用的文本。

    ○　单击**当前页面**。

○ 单击**页面范围**，然后选择与索引项相关的页面范围的书签（如何创建书签，参见下一项进程）。

5. 在**页码格式**区域中，按要求选择粗体和斜体格式。

6. 单击**标记**，或单击**标记全部**，标记文档中所有该索引项的实例。

➤ 为页面范围定义书签

1. 选择要包含在页面范围的段落。

2. 在**插入**选项卡的**链接**组中，单击**书签**。

3. 在**书签**对话框，输入一个书签名称，然后单击**添加**。

➤ 使用自动标记文件标记索引项

1. 使用列表或一个两列表格创建自动标记文件。

2. 在**引用**选项卡**索引**组中，单击**插入索引**。

3. 在**索引**对话框中，单击**自动标记**。

4. 在"**打开索引自动标记文件**"对话框中，选择该文件，然后单击**打开**。

➤ 设置索引格式选项，并生成索引

1. 将光标放在要显示索引的位置。

2. 在**引用**选项卡**索引**组中，单击**插入索引**。

3. 在**索引**对话框中，设置以下任一选项。

○ 选择一个索引类型：缩进或接排式。

○ 指定栏数。

○ 如果不想使用系统默认的语言，可选择其他语言。

○ 如果使用的是缩进式索引，单击**页码右对齐**，然后选择要使用的制表符前导符的样式。

○ 选择索引的格式，或选择**来自模板**。

4. 单击**确定**。

> ➤ **编辑和更新索引**

1. 在文档中，如果索引域没有显示，单击**显示 / 隐藏 ¶**。

2. 选择要编辑的索引域中的文字，然后修改并设置索引的格式。

3. 将光标放置在索引中，在**引用**选项卡，单击**更新索引**。

实践任务

这些任务的实践材料都位于 MOSWordExpert2013\Objective3 实践材料文件夹，将完成的任务保存到相同文件夹中。

- 打开 *WordExpert_3-1a* 文档。查看整个文件，并为词语如格式、样式、模板及其他词语添加索引项。为几个主索引项（如样式、修改）添加次索引，并使用书签定义一个页面范围。生成索引，然后使用域标签编辑索引项。更新索引，反映出所做的更改。
- 使用上一项任务中的词语，创建一个自动标记文件。使用该文件在 *WordExpert_3-1b* 文档中插入索引项。

3.2　创建和管理引用目录

研究类和学术类文件以及许多法律类和商业类文件都会用到文档作者要参考的引文。"引用"选项卡上的工具可以用来建立参考源的列表，使用权威机构如现代语言协会或《芝加哥文体手册》所要求的信息。用户可以管理这些引用源，在文档中需要的位置插入引文；插入引文后可以创建书目或引用作品的列表。

Word 还提供了用于创建和管理其他类型引用的工具，包括内容、图表目录、脚注和尾注。本节将介绍如何创建和更新引用目录、引文和备注。

创建目录与设置目录格式

Word 可以使用其内置的标题样式和用户设定的其他样式创建一个目录。当这些样式包含在一个文档中时，就可以使用"引用"选项卡上的"目录库"插入目录。"目录库"提供了两个内置的格式：一种使用标题内容，另一种更为正式，使用标题目录。第二种选项还插入分页符。

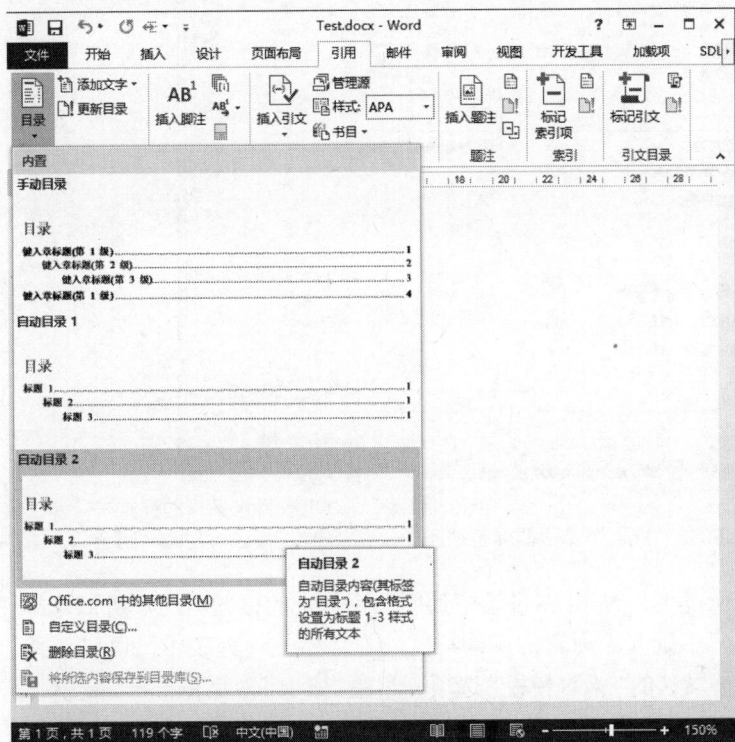

G03WE03："目录"库屏幕截图。

"目录"库的"手动目录"选项会为一个三级目录插入占位符。如果要从头开始创建一个目录，可使用此选项。

一个与样式关联的内置目录可以很容易得到更新。可以在文档正文中编辑标题，然后重新生成目录。因此不必在正文和目录中都编辑标题。

"目录"对话框（单击"目录"库底部的"自定义目录"就会显示该对话框）中的选项用于目录格式。

如果不想在文档中使用超链接，清除该复选框

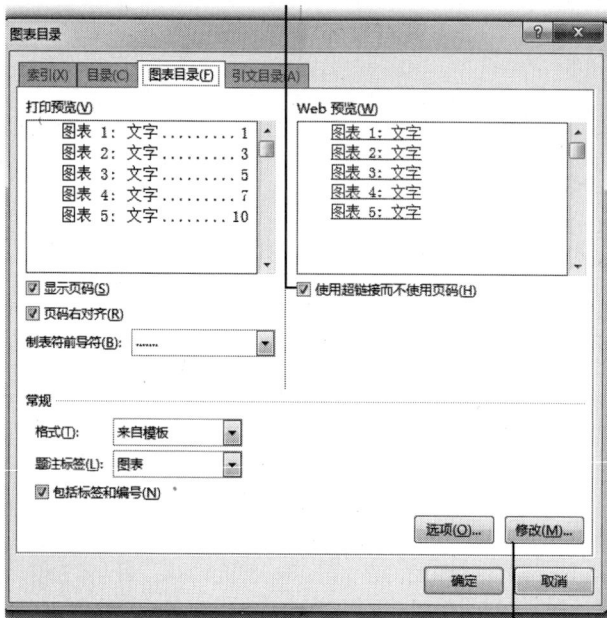

单击"修改"，以更改目录条目的样式

G03WE04："目录"对话框屏幕截图。

默认情况下，Word 在目录中使用三个级别的标题。用户可以选择使用少则一级标题，多则九级内置的标题样式。在"格式"列表中，可以选择一种内置格式或选择默认的"来自模板"选项。和在"索引"对话框一样，选择"来自模板"后，单击"修改"按钮打开"样式"对话框，在这里可以选择一种内置的目录样式。

单击"目录"对话框中的"选项"按钮打开"目录选项"对话框，可以设置目录中其他元素的样式和格式。该对话框中列出的样式取决于应用到文档的模板。

在"目录选项"对话框中，选中标记表示 Word 用于创建目录的样式和与样式关联的级别。通过指定"目录级别"列表中的级别，可将其他样式包含在目录中。例如，要想将侧边栏标题作为第四级标题包含在目录中，在"目录级别"列表中输入 4。

默认情况下，Word 还使用大纲级别创建一个目录。创建和修改样式时，可以将一个大纲级别设置为一种样式。例如，将一个大纲级别设置为侧边栏标题或其他标题，这样在"大纲"视图中可以查看与这些样式关联的内容。然而插入目

录时，可能不希望 Word 中包含这些样式。这种情况下，清除"大纲级别"复选框。

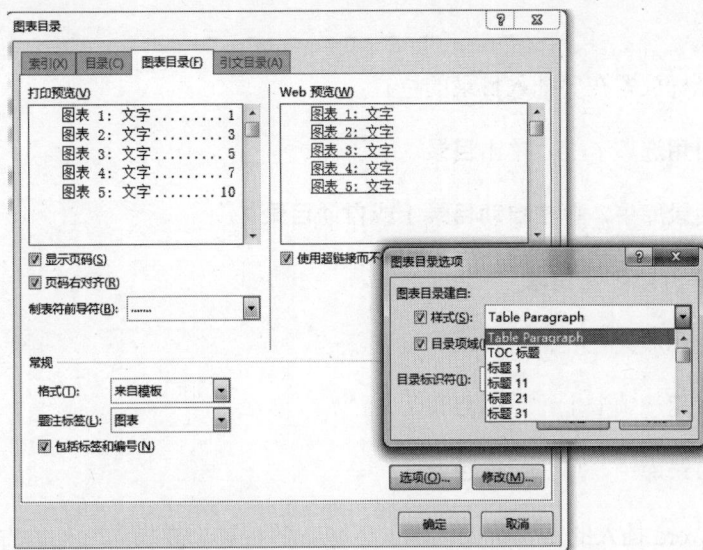

G03WE05："目录选项"对话框屏幕截图。

> 有关如何使用大纲，请参见第 2.3 节"应用高级排序和分组"。

"目录选项"对话框中的"目录项域"复选框是指手动标记包含到目录中的文档标题或其他元素。用户可以手动创建一个目录项：首先选择文本，按 Alt+Shift+O 打开"标记目录项"对话框，设置级别，然后单击"标记"按钮。要将手动目录项加入到目录中，需要在生成目录之前，选中"目录项域"复选框。

> **提示**：使用"引用"选项卡"目录"组中"添加文字"工具可以更改应用到文档中的标题样式。单击"添加文字"工具，显示"不在目录中显示"命令和级别数字。
> 级别数字与"目录"对话框中"目录级别"列表中的设置相匹配（默认为 1 级、2 级和 3 级）。例如，可以将标题 1 样式应用到标题 2 的段落：选择该段落，然后单击"添加文字"菜单上的数字 1。如果选择了"不在目录中显示"，Word 将"正文"样式应用到标题。

➤ **插入内置目录**

1. 在文件中，将内置标题样式（标题 1 到标题 3）应用到要包含在目录中的元素。

2. 将光标放置在要插入目录的位置。

3. 在**引用**选项卡上，单击**目录**。

4. 在**目录**库中，单击**自动目录 1** 或**自动目录 2**。

➤ **从头开始创建目录**

1. 将光标放置在要插入目录的位置。

2. 在**引用**选项卡上，单击**目录**。

3. 在**目录**库中，单击**手动目录**。

4. 在 Word 插入的占位符中，输入要包含的标题。要插入额外的占位符，可复制和粘贴一个空白占位符。

➤ **创建自定义目录**

1. 将光标放置在要插入目录的位置。

2. 在**引用**选项卡上，单击**目录**。

3. 在**目录**库中，单击**自定义目录**。

4. 在**目录**对话框中，设置显示页码和页码对齐选项，选择制表符前导符和目录格式。

5. 要更改出现在目录中的标题级别，在**显示级别**列表中指定级别数。

6. 要从目录中删除超链接，清除**使用超链接而不使用页码**复选框。

7. 单击**确定**插入目录。

➤ **设置目录选项**

1. 将光标放置在要插入目录的位置。

2. 在**引用**选项卡上，单击**目录**，然后单击**自定义目录**。

3. 在**目录**对话框中，单击**选项**。

4. 在**目录选项**对话框，执行下列任一操作。

　　○　要其他样式包括在目录中，在样式名称右边的**目录级别**框中指定级别。

　　○　要将大纲级别从目录中排除，清除**大纲级别**复选框。

　　○　要将设置了样式的元素从目录中排除，清除**样式**复选框，然后使用大纲级别或目录项域。

　　○　要将手动标记的目录项包括到目录中，选择**目录项域**复选框。

5. 在**目录选项**对话框单击**确定**，然后在**目录**对话框单击**确定**。

➤　**更新目录**

1. 将光标放置在目录中。

2. 在**引用**选项卡**目录**组，单击**更新目录**。

➤　**删除目录**

1. 将光标放置在目录中。

2. 在**引用**选项卡**目录**组，单击**删除目录**。

创建图表目录

引用目录的另一种类型是图表目录。Word 从图表和其他类型的对象（如表格、图表或图形）的题注生成图表目录。用户可以为文档中各种类型的元素添加题注。

插入题注

创建图表目录的第一步是插入题注。单击"题注"组上的"插入题注"命令打开"题注"对话框，在该对话框输入标题名称，设置题注的显示方式。

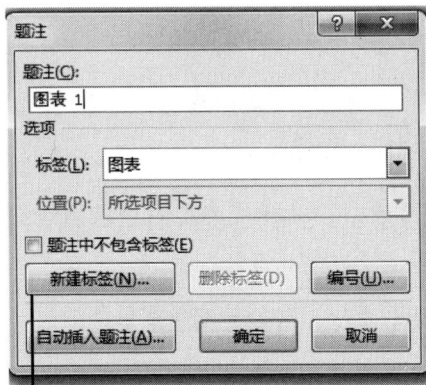

单击"新建标签"来创建题注项目的标签

G03WE06："题注"对话框屏幕截图。

在"题注"对话框中，使用"标签"列表选择要添加题注的对象类型（如本例中的图表）。默认的选项有方程、表格和图表。单击"新建标签"可以定义其他类型对象的题注（不再需要时可以删除自定义标签，但默认标签无法删除）。

单击"编号"按钮打开"标题编号"对话框，然后使用该对话框切换到不同的编号格式，或选择将章节编号包含在题注标签中。章节标题必须使用 Word 中内置的一种标题样式来定义。

> 提示：如果在文档中多次插入一个特定类型的对象，而且想让这些对象拥有一个题注，单击"题注"对话框中的"自动插入题注"按钮。选择要让 Word 显示题注的对象类型（如位图图像或 Microsoft Excel 工作表），调整用于该类型对象的标签，Word 默认放置题注的位置及题注编号格式。

插入图表目录

创建图表目录的步骤和选项与创建内容目录相似。"图表目录"对话框可以预览 Word 在打印文档和在线时图表目录显示的方式。用户可以选择一个内置格式或使用当前模板定义的样式。标题标签可以选择"无"、"图表"、"表格"、"公式"，或使用"题注"对话框自定义标签。

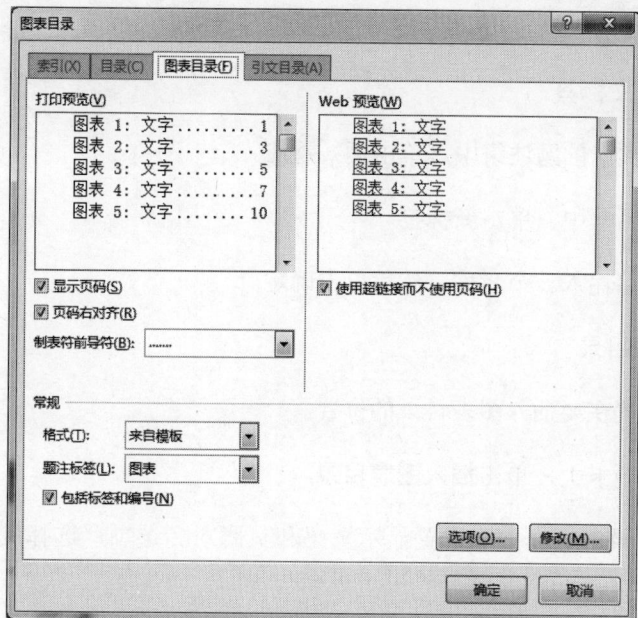

G03WE07："图表目录"对话框屏幕截图。

默认情况下，Word 使用其内置的题注样式和相关联的标签，以建立图表目录。任何应用该样式的元素和标记为图表的元素都包含在图表目录中。在"图表目录选项"对话框，可以选择一个不同的样式或使用手工定义的目录项。和处理目录样式一样，也可以修改 Word 用于显示图表目录的样式：在"样式"列表中选择"来自模板"，单击"图表目录"对话框中的"修改"按钮，然后使用"样式"对话框和"修改样式"对话框更新样式属性。

➤　**为文档元素创建题注**

1. 选择要创建题注的对象。

2. 在**引用**选项卡**题注**组中，单击**插入题注**。

3. 在**题注**对话框的**标签**列表中，选择对象的类型，然后在**题注**框标签后输入题注名称。

4. 在**位置**列表中，选择显示题注的位置。

5. 单击**编号**打开**题注编号**对话框，然后调整题注的数字格式。

6. 在**题注编号**对话框单击**确定**，然后在**题注**对话框单击**确定**。

➤ 创建自定义标签

1. 在**引用**选项卡的**题注**组中，单击**插入题注**。

2. 在**题注**对话框中，单击**新标签**。

3. 为新建标签输入一个名称，然后单击**确定**。

➤ 插入图表目录

1. 将光标放置在要插入图表目录的位置。

2. 在**引用**选项卡上，单击**插入图表目录**。

3. 在**图表目录**对话框中，设置显示页码和页码对齐选项，选择制表符前导符和图表目录格式。

4. 在**题注标签**列表中，选择要包括在题注中的标签。

5. 要从图表目录中删除超链接，清除**使用超链接而不使用页码**复选框。

6. 单击**确定**插入图表目录。

➤ 设置图表目录选项

1. 在**图表目录**对话框中，单击**选项**。

2. 在**图表目录选项**对话框，执行下列任一操作。

  ○ 要使目录基于不同的样式，选择**样式**，然后从列表中选择一种样式。

  ○ 要将手动标记的目录项包括到目录中，选择**目录项域**。

3. 在**图表目录选项**对话框单击**确定**，然后在**图表目录**对话框单击**确定**，插入图表目录。

使用引文目录

引文目录用于法律文件，作为案例、法规、规章及其他引文的参考。Word 基于文档中标记和定义的引文生成引文目录。Word 中的引文目录功能提供了几种内置的类别，用于为引文分类，但用户也可以修改类别列表或添加自定义的类别。Word 还提供了设置引文目录格式的选项及显示引文的选项。

标记引文

要创建引文目录，首先使用"标记引文"对话框标记目录项。打开该对话框之前选定的文字显示在对话框中"所选文字"框和"短引文"框中（单击"引用"选项卡"引文目录"组"标记引文"按钮，可以打开"标记引文"对话框）。可以在"所选文字"框和"短引文"框中编辑引文文字。要设置引文格式，右键单击"所选文字"框，然后选择"字体"。

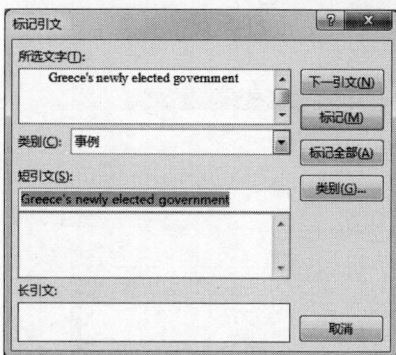

G03WE08："标记引文"对话框屏幕截图。

Word 提供了 7 种默认的命名引文类别（事例、法规、其他引文、规则、协议、规章和宪法条款），以及编号为 8 到 16 的未指定类别。用户可以替换一个命名的类别，或为编号的类别指定一个引文名称。

选择一个编号类别，并为其添加一个标签

G03W:09："编辑类别"对话框引文目录屏幕截图。

如果单击"标记引文"对话框中的"标记全部"，Word 会在符合你定义的长、短形式文字的文档中，为每个实例插入一个引文目录域（以字符 *TA* 标识）。当浏览文档时，可以使"标记引文"对话框处于打开状态，以标记其他引文。单击"下一引文"按钮可移动到文档中下一条可能的引文，Word 会利用字母 *V* 或括号中的日期，例如（*2001 年*）等线索识别是否为引文。

插入引文目录与设置引文目录格式

准备建立引文目录时，可以在"引文目录"对话框设置格式选项。

G03WE10："引文目录"对话框屏幕截图。

- **类别**　选择要包括在目录中的引文类别，或选择"全部"，但不能在类别列表中选择两个以上的类别。

- **使用"各处"**　如果想使用"各处"一词表明引文所引的信息分散在整个引文源，选择"使用各处"复选框；要列出每条引文具体的页码，清除该复选框。

- **保持原格式** 使用此选项来指定引文目录中引文是否是文档正文中使用的格式。

- **制表符前导符** 选择要使用的制表符前导符的类型（这有助于对齐页码），或从列表中选择"无"。

- **格式** 为引文目录选择一种样式，或者使用当前模板定义的样式和格式。

要更改引文目录项的格式和目录标题格式，可选择"格式"列表中"来自模板"设置，然后单击"修改"按钮，打开"样式"对话框。选择要更改的元素，单击"样式"对话框中的"修改"，然后在"修改样式"对话框中修改格式设置。

➤ **标记引文目录的引文**

1. 在文档中，选择引文文字。

2. 在**引用**选项卡的**引文目录**组中，单击**标记引文**。

3. 在**标记引文**对话框**所选文字**框中，编辑引文文字。

4. 在**短引文**框编辑引文的简写形式。

5. 在**类别**列表中，选择一个引文类别。

6. 单击**标记**或单击**标记全部**，插入一个在**标记引文**对话框中定义的引文目录项。

7. 单击**下一引文**，重复第 3 步到第 6 步。

➤ **定义或替换引文目录的类别**

1. 在**引用**选项卡，单击**标记引文**。

2. 在**标记引文**对话框中，单击**类别**。

3. 在**编辑类别**对话框中，选择要更改的类别。

4. 在**替换为**框中，修改类别名称。

5. 单击**替换**。

6. 如果需要，还可以修改其他类别，然后单击**确定**。

➤ **生成引文目录，设置引文目录格式**

1. 将光标放在文档中放置引文目录的位置。

2. 在**引用**选项卡的**引文目录**组中，单击插入**引文目录**。

3. 在**引文目录**对话框中，执行下列其中一项操作。

   ❍ 选择要创建目录的引文类别，或者选择**全部**。

   ❍ 选择**使用"各处"**复选框，在短形式引文中使用各处一词，或清除该复选框，以显示在引文中参引的具体页码。

   ❍ 选择或清除**保留原格式**复选框，告诉 Word 是否保留在**标记引文**对话框中为引文定义的格式。

   ❍ 选择一种制表符前导符来对齐页码。

   ❍ 选择一种引文目录格式，或选择**来自模板**。

4. 单击**确定**。

➤ **更新引文目录**

1. 将光标置于目录中。

2. 在**引用**选项卡**引文目录**组，单击**更新目录**。

设置高级引用选项

本节继续讲解文档中如何使用引用，包括交叉引用、脚注和尾注以及如何管理引用的书目。

➤ **使用交叉引用**

带有题注的元素（如图表、表格和公式），以及其他文档元素，如数字编号的项目、标题、书签和备注，都可以在文档中交叉引用。交叉引用帮助用户定位特定内容，使题注对象的编号保持最新。

光标放置在要添加交叉引用的位置，输入用于介绍交叉引用的对象的文字。在"交叉引用"对话框（从"引用"选项卡"题注"组打开该对话框），选择引用

的类型。例如，要引用一个表格，在"引用类型"列表中选择"表格"。Word
将显示在 Word 中创建的带有题注标签的表格列表。"引用内容"列表中的选项
用于表明交叉引用的内容，如页码或标题文本。

在"引用类型"框中的选择决定了此列表中引用的元素

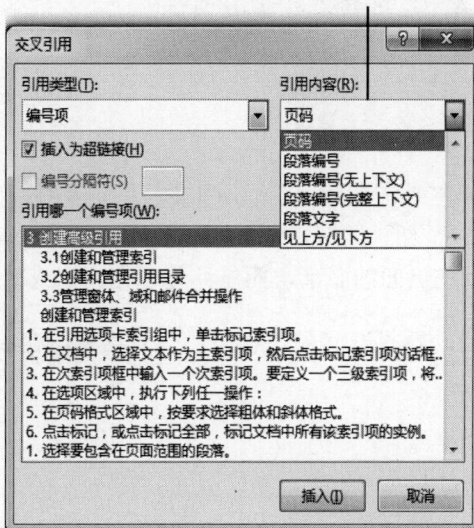

G03WE11："交叉引用"对话框屏幕截图。

对于某些类型的引用（如标题或书签），"引用内容"列表包含有两种类型的编
号："无上下文"和"完整上下文"。这些选项用于使用多级别的项目列表或大
纲。"完整上下文"选项包含编号方案中的每个元素，例如：*4.1.1.a*。"无上下文"
选项只引用所使用的最后一个级别。

"包括见上方 / 见下方"复选框用于选择是否插入一个位置交叉引用，这种引用
使用见上方或见下方字样，这取决于所引用的项目相对于引用的位置。

如果想创建从交叉引用到引用目标的超链接，则选择"插入为超链接"复选框。
如果将文档保存为网页，在"交叉引用"对话框创建的超链接在 Word 和浏览
器中都有效。

➤ 插入交叉引用

1. 输入用于介绍所引用的项目的文字。

2. 在**引用**选项卡的**题注**组中，单击**交叉引用**。

3. 在**交叉引用**对话框中，选择引用类型。

4. 在**引用内容**列表中，选择要作为引用的选项（如页码、题注或标题）。

5. 在**引用哪一个编号项**列表中，选择交叉引用的目标。

6. 单击**插入**。

➤ **设置脚注和尾注选项**

许多文档要求使用备注（脚注或尾注），以提供引文、事实及观点的来源出处。
"引用"选项卡中包括"脚注"组。可以使用"插入脚注"或"插入尾注"命令
为文档添加备注。脚注显示在页面的底部，而尾注显示在文档或节的结尾。

单击"脚注"组的对话框启动器打开"脚注和尾注"对话框，在该对话框可以
设置脚注和尾注的显示方式。

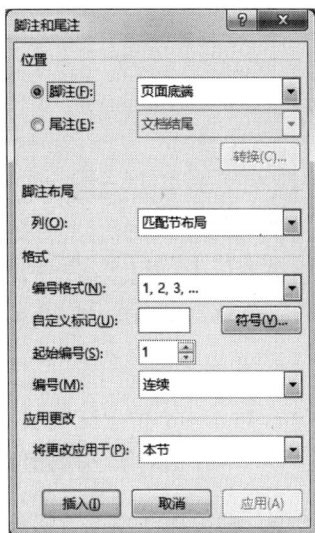

G03WE12："脚注和尾注"对话框屏幕截图。

例如，可以设置备注显示的位置及脚注的布局（以列显示或匹配当前节的布
局）。还可以更改编号格式，指定自定义标记或符号，指定起始编号，指定编
号是否连续或在每节或每页重新编号。可以将在此对话框中的设置应用到当前

节或整个文档。

对于备注的另外一种设置是关于备注延续的通知。在"草稿"视图中，可以打开"备注"窗格，然后输入当备注的文字跨页时要让 Word 显示的提示信息（例如接下页）。

➤　**设置脚注和尾注选项**

1. 在**引用**选项卡**脚注**组中，单击对话框启动器。

2. 在**脚注和尾注**对话框中，执行下列其中一项操作。

   ○　在**位置**区域中，选择将脚注放置在页面底部或其所指文字的下方；指定将尾注放置在文档结尾或当前节的结尾。

   ○　单击**转换**，脚注和尾注相互转换，或脚注与尾注同时转换。

   ○　在**脚注布局**区域中，选择列格式或保持默认设置，即匹配当前节的布局。

   ○　在**格式**区域中，选择编号格式、插入特定的备注符号（如两个星号）、指定起始号码，以及选择是否连续编号或每节重新编号。

   ○　在**应用更改**区域选择**整篇文档**或**本节**。

3. 单击**插入**添加备注，或单击**应用**将设置应用到文档中。

➤　**定义备注延续通知**

1. 在**视图**选项卡**视图**组中，单击**草稿视图**。

2. 在**引用**选项卡，单击**显示备注**。

3. 在**备注**窗格的列表框中，选择**脚注延续通知**（或**尾注延续通知**）。

4. 在**备注**窗格中，输入要使用的文字，然后关闭**备注**窗格。

添加源引文到文档

要为文档添加和定义书目引文和其他来源引文，需使用"引用"选项卡上的"引文与书目"组中的命令。Word 提供的内置引文样式符合行业组织和常规风格手册规定。例如，样式列表包括《美国心理学协会风格指南》（APA 第六版）、《现代语言协会风格指南》（MLA 第七版）和《芝加哥文体手册》（第十六版）。所选样式选项决定输入引文的信息类型。

可以使用"插入引文"命令添加已定义的引文，为引文创建新源，或输入一个占位符，以后返回时再填充该源的详细信息。用户定义的每条引文都包含在引文库中，单击"插入引文"时，引文库就会出现。

添加一个新源时，在"创建源"对话框输入详细信息。"创建源"对话框中的域取决于所使用的书目样式和源的类型。选择一个域时，Word 会显示该域的示例。

选中此复选框以显示完整的书目域，包括版本、译者和编辑
G03WE13："创建源"对话框屏幕截图。

创建的条目包含多个作者时，单击"作者"域旁边的"编辑"按钮打开"编辑姓名"对话框，按需要添加每个作者的姓名。Word 程序会依据输入的作者姓名作为 ID，创建一个用于识别源的标记名称。可以将其他信息（如出版时间）添加到标记名称，以增加 Word 提供的信息。

要修改一条引文，单击引文内容控件上出现的箭头。在显示的菜单中提供的选项可用于编辑引文，编辑被引用的源的详细信息，将引文转换为静态文本，更新引文和参考书目。

在"编辑引文"对话框，可以为引文添加页码，选择显示作者、年份和标题等元素，或禁止显示其中一个或多个元素。

➤ **插入引文**

1. 在**引用**选项卡**引文与书目**组中，选择要使用的引文样式。

2. 将光标放在要插入引文的位置，单击**插入引文**，然后单击**添加新源**。

3. 在**创建源**对话框中，选择源类型，然后填写所显示的域。

4. 如果需要输入其他关于该源的详细信息，选择**显示所有书目域**复选框。

5. 单击**确定**。

➤ **使用引文占位符**

1. 将光标放在要插入引文的位置，单击**插入引文**，然后单击**添加新占位符**。

2. 在**占位符名称**对话框中，保留提供的默认名称或为源输入一个临时名称。

3. 要填写源的细节内容，右键单击该占位符，然后单击**编辑源**。

4. 在**编辑源**对话框中，选择源的类型，然后在域中填写该源的具体信息。

管理源

在"创建源"对话框中定义源的详细信息时，Word 将引用添加到源的主列表。要使用此列表，可打开"源管理器"。

> **提示**：在"源管理器"中建立一个源列表，这样，当插入源时就不必一一输入细节信息。打开"源管理器"，单击"新建"打开"创建源"对话框，输入需要引用的源的详细信息，然后返回文档，使用"插入引文"库中的条目，将引文放在需要的位置。

"源管理器"中显示两个源列表：主列表和当前文档列表。需要在当前文档引用源时，可将其从主列表复制到当前文档列表（也可以将源从当前文档复制到主列表）。使用"源管理器"上的其他命令按钮可以编辑源信息，或删除一个源。但不能在当前文档源列表中删除一个引用的源（带有复选标记）。

Word 将定义的源保存在一个名为 sources.xml 的文件中。要查看该文件，单击"源管理器"上的"浏览"按钮，显示"打开源列表"对话框。可以将此文件复制到其他计算机，与其他用户共享。要从此文件将源添加到"源管理器"，显示"打开源列表"对话框，选择 sources.xml，然后单击"确定"。但要注意，如果用户本人（或其他用户）已在计算机上定义了源，那么该源列表会被打开的 sources.xml 副本中定义的源所替换。

将源从主列表复制到当前文档

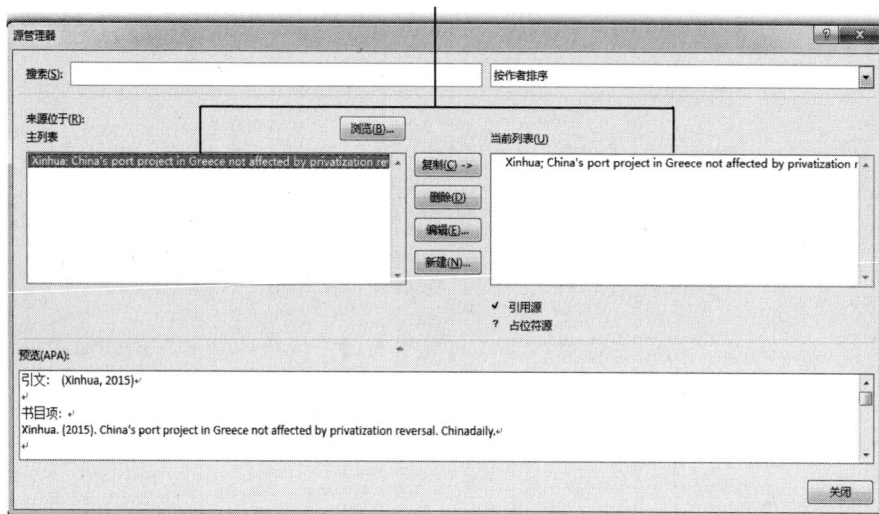

G03WE14："源管理器"对话框屏幕截图。

➤ **管理文档的源**

1. 在**引用**选项卡**引文与书目**组中，单击**管理源**。

2. 在**源管理器**对话框，执行以下任一操作。

   ○ 从**主列表**或**当前列表**中选择一个源，然后单击**复制**，将该源从所选列表中移动到目标列表中。

   ○ 选择一个源，然后单击**删除**，从列表中删除该源。

   ○ 选择一个源，然后单击**编辑**，更新或修订该源的详细信息。

   ○ 单击**新建**打开**创建源**对话框，然后定义一个新源。

   ○ 要更改源列表的排列顺序，从**排序**列表中选择一种排序选项。

○ 要搜索一个特定的源或一组源，在搜索框中输入搜索字符。

插入书目

"书目"库中的内置选项包括书目、引用和引用作品。选择需要包含在文档中的引用列表的类型。"书目"库底部的"插入书目"命令将一个简单格式的书目添加到文档中。

> 提示：书目是构建基块的一种类型。用户可以更改所插入书目的格式，选择该书目，然后将其保存到"书目"库，在其他文档中也可使用。有关使用构建基块的详细信息，请参见第 4.1 节"创建和修改构建基块"。

➤ **要插入一个书目、引用列表或作品列表**

1. 将光标放置在要插入引用的位置。

2. 在**引用**选项卡**引文与书目**组中，单击**书目**，然后从"书目"库中选择一个选项。

实践任务

这些任务的实践材料都位于 MOSWordExpert2013\ Objective3 实践材料文件夹，将完成的任务保存到相同文件夹中。

● 打开 *WordExpert_3-2a* 文档。从"引用"选项卡插入一种内置的目录。删除该目录，然后插入一个自定义目录，显示带有 4 个级别的标题，并包括使用"子标题"样式的条目。

● 打开 *WordExpert_3-2b* 文档。创建表格和图表题注，插入一个图标目录，然后插入交叉引用到文件中的几个元素。

● 打开文档 *WordExpert_3-2c* 并执行以下操作。

○ 使用文档中列出的源，在"源管理器"中创建 6 到 7 个源。

○ 打开 *WordExpert_3-2d* 文档，并将引文插入到在上一任务中定义的源。同时插入几个占位符。

○ 打开"源管理器"，编辑列出的 3 个源的信息。

为插入的占位符选择一个或多个条目，然后用 *WordExpert_3-2c* 文档为这些占位符输入详细信息。

● 在 *WordExpert_3-2d* 文档插入一个书目。

3.3 管理窗体、域和邮件合并操作

窗体比 Word 中创建的许多文档更为结构化，用于收集具有特别格式的信息，经常提交给其他人进行分析或审批。费用报告、发票、订单和登记表是 Word 中创建的常用窗体。

创建窗体或表单时，除了可以使用文字、图片和其他文档元素外，还可以使用诸如文本框、复选框、列表等内容控件。窗体中还可以包含域。

本节将介绍如何创建和管理窗体，如何在一个文档中使用域，以及如何设置和运行邮件合并操作，此功能依赖于域从联系人列表中插入信息。

设计窗体

可以为单独的文档创建窗体，但大多数窗体被保存为模板，以便可以反复使用。用户可以用一个空白模板从头开始设计窗体，或者使用 Word 提供的窗体模板。

> 有关模板的更多信息，请参见第 4.2 节 "创建自定义样式集和模板"。

要求窗体用户提供的信息可以设置在内容控件中，如文本框、列表框或复选框。内容控件用于管理窗体，例如指定列表中的项目，设置与复选框相关的选项。

添加到窗体的内容控件显示在 "开发工具" 选项卡的 "控件" 组（Word 将显示 "屏幕提示" 来识别每个控件）。将控件添加到窗体时，应该在 "设计" 模式下工作。在 "设计" 模式下，Word 将显示标识内容控件的标签，用户可以更容易地在窗体上排列和编辑内容控件。"控件" 组上包括以下可用的控件。

- **格式文本内容控件** 该控件用于文本域，可设置文本格式，如粗体或斜体，域中可包括多个段落，并可添加图片和表格等其他内容。

- **纯文本内容控件** 该控件用于简单的文本域，如姓名、地址或职位名

称。添加到纯文本控件的文本只能设置有限的格式，默认情况下只能含有一个段落。

● **组合框内容控件** 在组合框中，用户可以从定义的列表项中进行选择，或输入自己的信息。如果选择了"内容不能被编辑"属性，用户则不能添加自己的项目至列表。

纯文本内容控件用于收集联系人信息　　　　　　　　日期选取器控件用于选取到达和离开日期

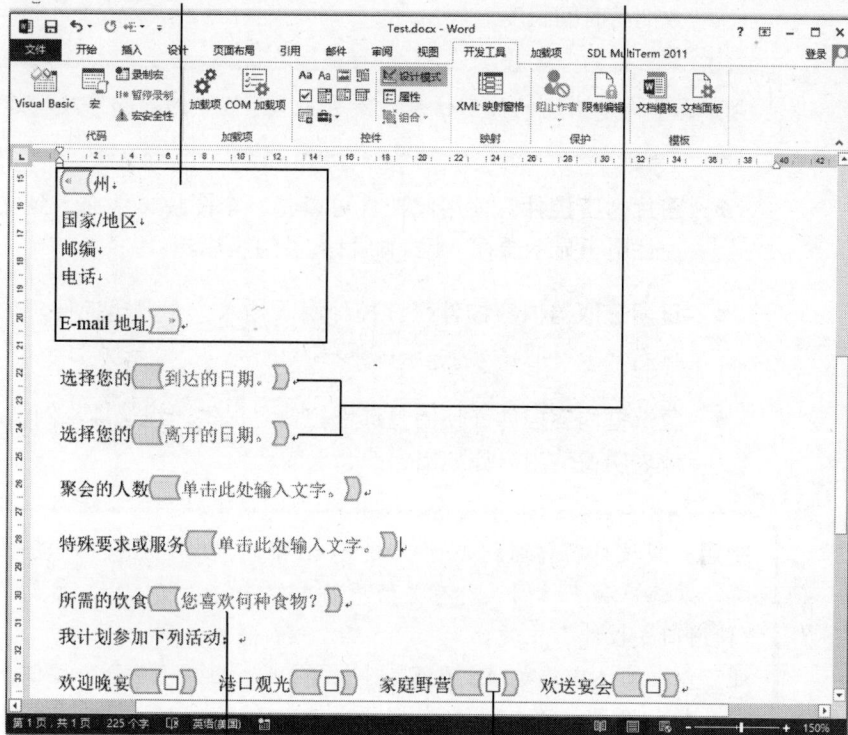

组合框控件列出饮食偏好　　　　　复选框控件用于让用户选择计划参加的会议

G03WE15：窗体以及"开发工具"选项卡上的"控件"组屏幕截图。

欲了解更多信息，参见本节后面介绍的"锁定控件"。

● **下拉列表内容控件** 在该控件中，用户只能从定义的选项列表中选择一项。

使用下拉列表可以显示部门名称、会议室、或产品名称（一个特定的项目列表）。组合框控件更适合用于显示任务的列表，这样如果任务出现在列表中，用户就可以选择该任务，如果列表中没有所要完成的任务，用户可以定义新任务。

- **构建基块内容控件** 构建基块控件用于让窗体用户选择一个特定的文本基块，或从 Word 其他库中选择一个构建基块。例如，在提案表单中可以添加一个构建基块控件，用户可从中选择文本条目，表明提案有效期的时间长度。

> 更多关于构建基块的使用信息，参见第 4.1 节"创建和修改构建基块"。

- **图片内容控件** 使用此控件可以将一个图片文件嵌入到文档中。图片控件用于显示徽标，比如项目人员的照片。

- **日期选取器内容控件** 该控件用于插入一个日历控件，供用户选择或输入一个日期。

- **复选框内容控件** 使用复选框控件可提供一组选项，例如产品的尺寸，或表明窗体用户计划出席的会议的选项。

> **提示：** 当设计窗体时，也可以用 Word 中的"旧式控件"，其中包括文本框、复选框和下拉列表。有关使用旧式控件的详细信息，参见本节后面的"使用旧式控件"主题。
>
> 还可以向窗体中添加 ActiveX 控件，例如，添加一个命令按钮，然后为该命令按钮分配一个宏。要在窗体上充分利用 ActiveX 控件，用户应了解如何使用 VBA 为控件编写程序。对于 VBA 如何使控件自动运行的示例，请参阅第 4.3 节"准备文件的国际化和辅助功能"的话题"使用宏修改窗体标签顺序"。

内容控件包括简单的文字描述，告诉用户如何使用控件。例如，文本控件会显示单击此处输入文字，日期选取器控件会提示用户单击这里输入日期。也可以自己设置文本，以便能够为窗体用户提供更明确的指示，使用户能更有效地使用控件。自己定义控件中的文本还可以简化窗体。

➤ **插入文本内容控件**

1. 单击要插入控件的位置。

2. 在**开发工具**选项卡**控件**组，单击**格式文本内容控件**或**纯文本内容控件**。

➤ **插入图片内容控件**

1. 单击要插入控件的位置。

2. 在**开发工具**选项卡**控件**组，单击**图片内容控件**。

3. 单击控件上的图标，打开**插入图片**对话框，找到并选择要显示的图片。

➤ **插入组合框内容控件或下拉列表内容控件**

1. 单击要插入控件的位置。

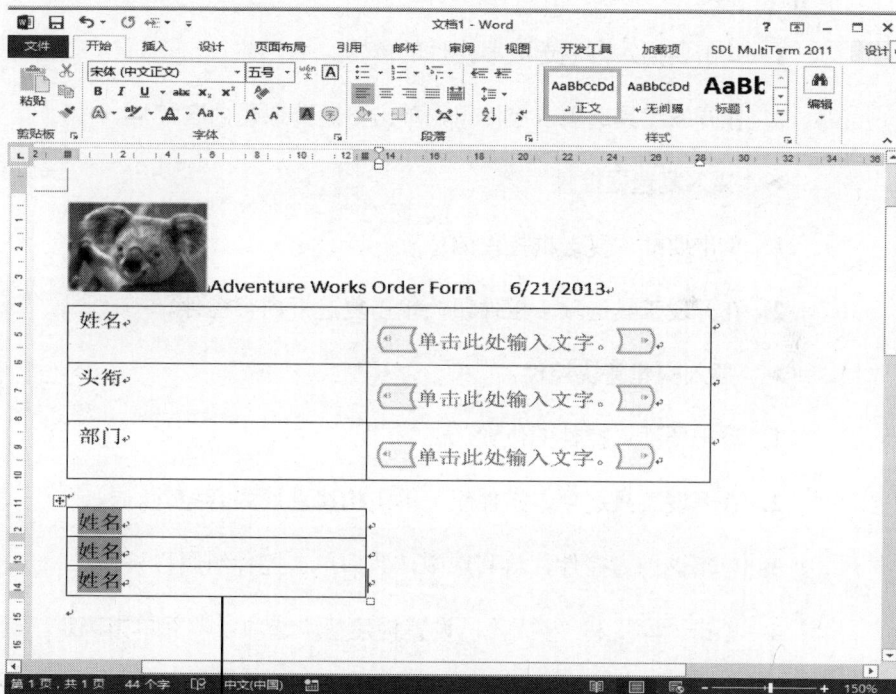

用自定义的文字替换默认的提示文字有助于简化窗体

G03WE16：在内容控件提示中使用自定义文字的窗体屏幕截图。

> 提示：要对齐窗体中的内容控件，可以将控件添加到表格中。要将内容控件进行组合，选择控件，然后单击"开发工具"选项卡"控件"组上的"组合"按钮。例如，可以将一组复选框控件组合在一起，这样就不必单个编辑或删除这些控件。

2．在**开发工具**选项卡**控件**组，单击**组合框内容控件**或**下拉列表内容控件**。

3．选择该内容控件，然后单击**控件**组**属性**按钮。

4．在**下拉列表属性**区域，单击**添加**，然后用**添加选项**对话框定义列表中的第一个项目。重复此步骤，定义列表中所需的其他项目。

5．选择其他属性选项，然后单击**确定**。

➤ 插入日期选取器内容控件

1．单击要插入日期选取器控件的位置。

2．在**开发工具**选项卡**控件**组，单击**日期选取器内容控件**。

➤ 插入复选框控件

1．单击要插入复选框控件的位置。

2．在**开发工具**选项卡**控件**组，单击**复选框内容控件**。

➤ 插入构建基块控件

1．单击要插入控件的位置。

2．在**开发工具**选项卡**控件**组，单击**构建基块内容控件**。

3．单击该内容控件，将其选中，然后单击**控件**组**属性**按钮。

4．单击"库"和"类别"，设置构建基块选项，然后单击**确定**。

➤ 自定义内容控件中的文本

1．在**控件**组中，单击**设计模式**。

2．选择要编辑的内容控件。

3. 编辑占位符中文本，并设置格式。

4. 在**控制**组中，单击**设计模式**退出设计模式。

设置控件属性

添加到窗体的每个控件都有一组属性。最基本的属性是标题和标记。属性还包括控件内容的格式设置，控件是否可以删除，控件内容是否可编辑。有些属性取决于所使用的控件类型。例如，对于纯文本内容控件，可以设置允许多个段落的属性选项；日期选取器控件的属性包括日期格式、区域设置和日历类型。

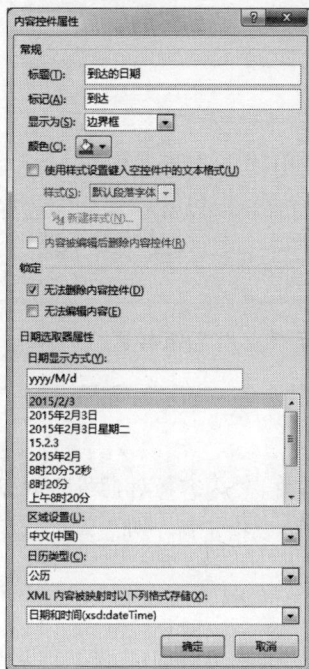

G03WE17：日期选取器控件"内容控制属性"对话框屏幕截图。

Word 显示用以识别控件的控件标题。标记属性有助于定位一个控件，如果将窗体链接到数据源，则能用到此控件。在"设计"模式下工作时，控件由标签包围。

当使用控件来填写表单，表单填完和提交后不再需要此控件时，可以设置"内容被编辑后删除内容控件"属性（此属性不适用于复选框内容控件）。

以下内容将介绍特定控件属性的更多信息。

➤ **锁定控件**

可以设置两种属性保护窗体的设计和内容。第一种属性是"无法删除内容控件",用以防止窗体用户删除该控件。窗体中要求的每个控件都应该设置该属性。第二种属性是"无法编辑内容",用以防止用户编辑控件的内容。该属性适用于标题,或其他内容应保持静止的控件,例如显示标准化文本的文本控件。然而许多控件要求用户输入文字、选择一个选项或从列表中进行选择。对于这类控件,不应该设置该属性,以免控件内容无法编辑。

> 有关锁定窗体的更多信息,请参阅本节后面要讲的话题"锁定和解锁窗体形式"。

➤ **设置控件格式**

在"内容控件属性"对话框中,选择"使用样式设置键入空控件中的文本格式"复选框,可以将一种样式应用到控件的内容。可以从样式列表选择样式,或单击"新建样式"打开"根据格式设置创建新样式"对话框,创建一种新样式。

> 有关创建样式的信息,请参见第 2.2 节"应用高级样式"。

➤ **建立列表项**

如果正在使用组合框或下拉列表框内容控件,"内容控件属性"对话框中会包含用于定义列表项目的域。在该对话框中,可以指定每个列表项的显示名称和值。

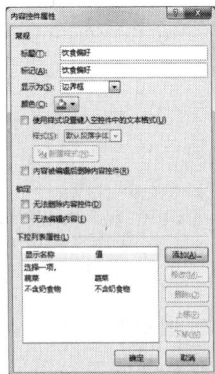

G03WE18:用于列表框的"内容控件属性"对话框屏幕截图。

默认情况下，Word 会在"值"框中重复"显示名称"框中输入的文本（如果现在"值"框中输入了文字，情况也是这样）。可以将值改为一个数值以匹配选项的次序。

➤ **锁定控件**

1．选择内容控件，然后单击**控件**组**属性**按钮。

2．在**内容控件属性**对话框**锁定**区域中，选择其中一个选项或二者都选。

   ○ **无法删除内容控件**

   ○ **无法编辑内容**

3．单击**确定**。

➤ **设置内容控件的格式**

1．选择内容控件，然后单击**控件**组**属性**按钮。

2．在**内容控件属性**对话框中，选择**使用样式设置键入空控件中的文本格式**复选框。

3．从**样式**列表中选择一种样式，或单击**新建样式**，然后在**根据格式设置创建新样式**对话框定义样式属性。

4．在**根据格式设置创建新样式**对话框单击**确定**，然后在**内容控件属性**对话框单击**确定**。

➤ **定义列表**

1．选择内容控件，然后单击**控件**组**属性**。

2．在**下拉列表属性**区域，单击**添加**，然后使用**添加选项**对话框定义列表中的第一个项目。重复此步骤，定义列表中所需的其他项目。

3．选择其他属性选项，然后单击**确定**。

锁定和解锁窗体

和处理其他类型的文档一样，可以限制用户对窗体做出的修改。设计完一个窗体并设置其包含的控件属性后，使用"开发工具"选项卡上的"限制编辑"命令，显示"限制编辑"窗格。

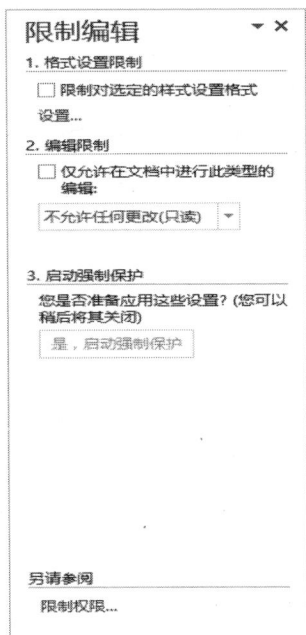

G03WE19：窗体设置"限制编辑"窗格屏幕截图。

如果想保持窗体的外观和感觉，可选择限制格式设置选项。"编辑限制"列表中的"填写窗体"选项可以允许用户编辑指定的控件，但不能改变窗体的设计以及标题或其他标签中的文本。

> **重要提示**："填写窗体"选项不会指定能够对文档做出修改的团队或个人；只能控制用户如何使用窗体。有关限制团队或个人编辑的详细信息，请参阅第 1.2 节"准备审阅文档"中的"限制编辑"话题。

当窗体用户将新文档建立在指定的窗体模板时，可以填写要求的域，但不能执行其他类型的编辑任务。如果用户单击"限制编辑"，Word 显示的窗格会提示这种情况，并显示一个"停止保护"按钮。要解锁窗体，并作出更改，而非填写窗体中的域，用户必须单击"停止保护"按钮，并提供一个密码（如果设置了限制编辑窗体的密码）。

> 提示：要指定可以绕过编辑限制的用户，单击"限制编辑"窗格底部的"限制权限"按钮。在"选择用户"对话框中，选择要授予此权限的用户账户。

➤ 锁定窗体

1. 在**开发工具**选项卡**保护**组中，单击**限制编辑**。

2. 在**限制编辑**窗格中**编辑限制**区域，选择**仅允许在文档中进行此类型的编辑**复选框，然后从列表选择**填写窗体**。

3. 单击**是**，启动强制保护。

4. 在**启动强制保护**对话框中输入密码，然后再次输入密码以确认。

5. 在**启动强制保护**对话框中单击**确定**。

使用旧式控件

在 Word 中，可以用 3 个旧式控件，也被称为窗体域：文本框、复选框和下拉列表。这些域除了可以添加到内容控件，还可以添加到窗体，然后设置用户如何交互和使用这些域的选项。对于每种窗体域，Word 都提供了一个选项对话框，可以用以设置窗体域（双击窗体域可以显示该对话框）。

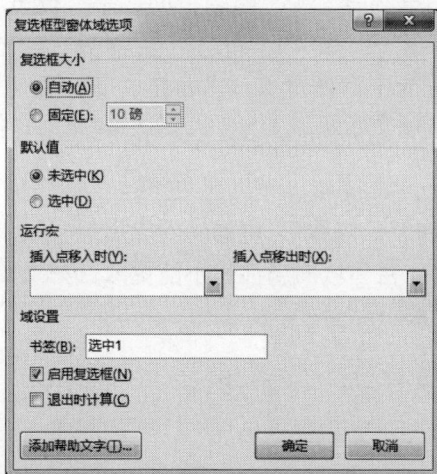

G03WE20：复选框控件窗体域选项对话框屏幕截图。

可用的设置如下所示。

- **文本框**　在"文本型窗体域类型"列表，可以选择文本域要包含的数据类型（选项包括常规文字、数字和日期）。"类型"列表中还包括"计算"，让用户定义一个表达式，用户使用窗体域时评估该表达式。

  使用"默认文字"框定义要让窗体域默认显示的文字（或数字、日期）。"最大长度"框默认选项为"无限制"，但也可以指定特定的字符数。例如，产品 ID 号可能正好包含 9 个字符，可以在"最大长度"框中设定为 9。"文本格式"列表中的选项根据"类型"列表中的选择而不同。例如，在"类型"列表中选择了"数字"时，货币格式选项才可用。

  使用"运行宏"列表来选择希望 Word 当用户进入或退出窗体域时运行的宏。如果想让用户能够编辑窗体域的内容，选择"启用填充"复选框。如果窗体域设置为计算一个表达式，则选择"退出时计算"复选框。

- **复选框**　对于一个复选框窗体域，可以指定其大小和是否默认选中或未选中。和处理文本型窗体域一样，可以指定当用户进入或退出窗体域时运行的宏。

- **下拉列表**　使用下拉型窗体域选项对话框定义列表中的项目。在运行宏列表，选择一个当用户进入或退出窗体域时运行的宏。

每种类型的窗体域的选项对话框都有一个"添加帮助文字"按钮。"窗体域帮助文字"对话框包含两页："状态栏"和"F1 帮助键"。可以选择"自动图文集词条"，然后从 Word 提供的列表中选择一项，或选择"自己键入"，然后输入要显示给用户的帮助文字，帮助文字可以显示在状态栏，或用户按 F1 键时显示在帮助窗口。

如果没有遵循上一节（"锁定和解锁窗体"）讲的步骤应用编辑限制，窗体域则不被激活。当编辑限制启用时，窗体域的属性将不能更改。如果要进行修改必须停止保护（需要输入专门的密码）。

要删除一个窗体域，从窗体中删除保护，选择该域，然后按 Delete 键。

➤　使用窗体域创建窗体

1. 单击要插入域的位置。

2. 在**开发工具**选项卡**控件**组中，单击**旧式工具**，然后选择要添加的窗体域类型（文本型、复选框型或下拉型）。

3. 在窗体中双击域占位符，打开所选的窗体域的**选项**对话框。

4. 在**窗体域选项**对话框中，设置窗体域属性（例如，定义下拉型窗体域的列表项，或设定文本型窗体域的默认值）。

5. 单击**添加帮助文字**，然后定义要显示在状态栏或帮助窗口的帮助文字。

6. 完成添加窗体域和定义域属性后，单击在**开发工具**选项卡上的**限制编辑**。

7. 在**限制编辑**窗格中，选择**编辑限制**下的复选框，然后从列表中选择**填写窗体**。

8. 单击**是的，启动强制保护**，然后输入要用来保护该窗体的密码。

➤ **删除窗体域**

1. 打开窗体，单击**开发工具**选项卡上的**限制编辑**。

2. 在**限制编辑**窗格中，单击**停止保护**。

3. 在**未受保护文档**对话框中，输入用于保护窗体的密码，然后单击**确定**。

4. 选择要删除的窗体，然后按**删除**键。

插入和管理文档域

正如本章前面所述，Word 使用域来管理诸如索引、目录、引文目录等元素。用户也可以自己插入域来自动显示信息。当域所显示的信息发生变化时，可将该域更新（要更新域，首先选中该域，然后按 F9 键）。

> 有关设置域格式的详细信息，请参见第 2.1 节"应用高级格式"。

"域"对话框按类别列出各种域，如"日期和时间"、"文档自动化"、"文档信息"、"链接和引用"和"用户信息"。可以显示所有的域，或只显示特定类别的域（文件属性的域，如作者、关键字和标题，列在"文档信息"类别中）。

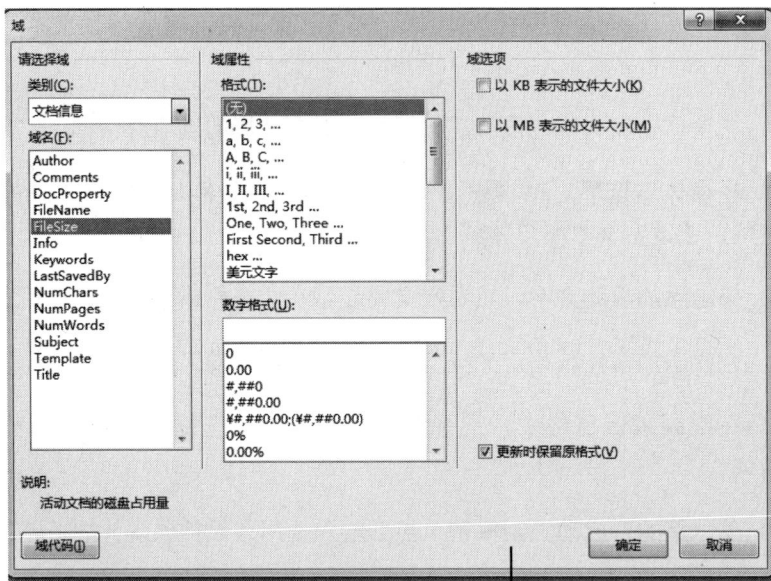

从"域"对话框插入域时，使用域的描述信息和属性列表，以及 Word
提供的选项创建域

G03WE21："域"对话框屏幕截图。

可以查看域的布局和域代码。域代码中含有域名（如 *FileSize*）、属性和影响域
数据格式设置和域的显示方式的开关。例如，域代码 *{FILESIZE * CardNumber
\\k * MERGEFORMAT)* 表示用以 KB 为单位一个基数显示文档的文件大小。
MERGEFORMAT 开关表示域更新时，域的格式保持相同。

Word 提供了键盘快捷键，可以用来管理文档中的域，如下表所示。

键盘快捷键	动作
Ctrl+F9	插入一个空白域
Alt+F9	文档中所有域的域代码和域结果切换
Shift+F9	选定域的域代码和域结果切换
F9	更新选定的域
F11 或 Shift+F11	移动到下一个或上一个域
Ctrl+F11	锁定一个域，阻止其更新
Ctrl+Shift+F11	解锁一个域

有关域属性和选项，请参阅 Word 帮助主题："Word 中的域代码"。

➤ 插入域

1. 在**插入**选项卡**文本**组中，单击**文档部件**，然后单击**域**。

2. 在**域**对话框，选择要插入的域。使用**分类**列表查看域的子集。

3. 在**域属性**区，选择格式设置属性。

4. 在**域选项**区，选择要使用域的选项。

5. 要查看域代码元素，单击**域代码**。

6. 单击**选项**打开**域选项**对话框，然后选择要应用的开关。

执行邮件合并操作

成功的邮件合并操作会令用户满意。创建完要发送的文档并确认文档接收人信息后，接下来的工作由 Word 完成——将文档内容和接收人信息合并，产生所需要的文档。可以设置 Word 生成文档的选项，生成的文档不局限于纸质版邮件，使用 Word 邮件合并功能，可以群发个人电子邮件信息。

设置和运行邮件合并操作需要 6 步（从左向右执行功能区"邮件"选项卡上的命令）。

1. 打开要在邮件合并操作中使用的文档，或者打开一个空白文档，添加文字、插图和其他内容。在此过程中，文档内容的录入可以在以后进行，但必须打开至少一个空白文档，这样"邮件"选项卡上的命令才能使用。

2. 单击"开始邮件合并"，可运行的邮件合并操作类型的选项就会显示在菜单上，包括信函、电子邮件、信封、标签、目录或普通 Word 文档。

提示：目录中含有关于一组项目的类型相同的信息（例如，每个项目的名称、描述和价格），但每个项目的信息各不相同。

3. 单击"选择收件人"，然后选择收件人列表来源的选项。可以使用"编辑收件人列表"命令显示收件人列表，从列表中选择一个子集或更新信息。在 Word 显示的对话框中，可以对列表进行排序和筛选，来组织和查找特定条目。

4. 使用"编写和插入域"组的命令来插入一个地址块、问候语和其他的合并域，这些占位符在 Word 运行邮件合并操作时，用于显示包含在收件人列表中的信息。

5. 预览结果。在列表中用户可以查找一个特定的收件人或逐条查看表中的条目。Word 还可以提前检查错误，并在一个单独的文档中收集这些错误。

6. 单击"完成并合并"。用户可以单独编辑和保存这些文档，同时打印文档，作为电子邮件信息发送文档。

> **提示：** 在"开始邮件合并"菜单中的最后一个选项是"邮件合并分步向导"。该向导将打开邮件合并的窗格，引导用户完成邮件合并的 6 个步骤。

建立和管理收件人列表

邮件合并文件的收件人姓名、地址和其他信息可能来源不同的渠道：用户可在邮件合并操作创建地址列表，或使用保存在 Microsoft Excel 工作表中的列表、Microsoft Access 数据库、Microsoft Outlook 中的联系人列表，或其他几种格式的列表。

> **提示：** 要更好地进行邮件合并，外部数据源的信息应该组织为收件人信息。例如，如果在 Excel 编写地址列表，最好带有列名称的标题行，与 Word 在邮件合并操作中使用的地址域相关联。

单击"选择收件人"菜单上的"键入新列表"选项，打开"新建地址列表"对话框，在该对话框可以编写邮件合并操作中使用的收件人列表。生成收件人列表后，Word 将其保存为 .mdb 格式。以后在其他邮件合并操作时可以选择此列表。

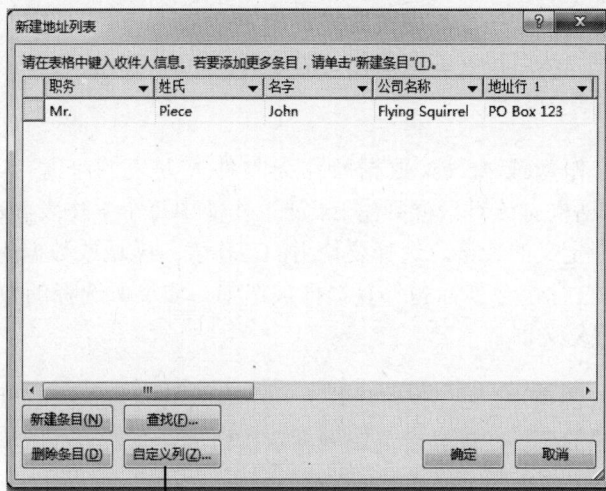

单击"自定义列"定义自己的收件人列表列

G03WE22："新建地址列表"对话框屏幕截图。

在对话框中向右拖动滚动条，可以查看有关收信人信息默认的域。单击"自定义列"按钮，打开"自定义地址列表"对话框，在该对话框可以定义其他域、删除不需要的域、重新命名域、更改所显示的域的顺序。定义一个新域可以扩充用于插入和显示在邮件合并操作中使用的信息类型。例如，创建一个名为"捐赠"的域，然后输入收件人捐赠的金额，或者创建一个名为"拍卖项目"的域，用来介绍某人在拍卖会上购买的物品。保存在一个自定义域中的信息数量限制为 254 个字符，包括空格。

在"新建地址列表"对话框中，单击列标题对列表按列进行排序，或单击列标题旁边的箭头打开一个菜单，选择以其他方式进行排序和筛选。可以筛选一个特定的值，或一个空值以填充缺失的信息；或者使用"高级"选项来打开"筛选和排序"对话框。在该对话框的"排序记录"页面，可以指定最多 3 个域来进行排序。在"筛选记录"页面，可以设置一个单个域的简单筛选条件，以查找所有等于（或不等于）某个特定值的记录，或者使用 OR 和 AND 运算符定义一个涉及多个域的筛选条件。当想查看匹配所定义的任一条件的记录时，可使用 OR 运算符。当想查看匹配所定义的每一个条件的记录时，可使用 AND 运算符。

"筛选记录"页面上的"比较关系列表"包含"小于"、"大于"、"小于或等于"、"大于或等于"及其他运算符。这些运算符用于查找带有自定义域具体数字值的记录。例如，在与募捐活动有关的邮件合并操作中，可以创建并填充一个名为"捐赠"的域，然后设置筛选条件（例如捐赠 1000 美元以上），将文件只发送给符合这一条件的收件人。

如果以 Excel 工作簿或 Access 数据库作为收件人列表的来源，Word 将显示"选择表格"对话框。该对话框列出 Excel 工作薄中每个工作表和命名的区域，Access 数据库中定义的表格。选择要使用的工作表、区域或数据库对象。默认情况下，"数据首行包含列标题"复选框被选中。如果所选择的数据源没有此设置，可清除该复选框。

只含有一个表格的 Word 文档也可以作为一个有效的收件人列表数据源。建立一个带有列标题的表格，邮件合并中列标题作为域，在表格行中输入收件人的数据，然后将表格保存为一个单独的文件。

如果用于收件人列表中的信息存储在服务器数据库（例如，Microsoft SQL Server 数据库），可以使用"数据连接"向导来创建一个连接。进入该向导后，需要提供信息，如服务器名称、访问服务器所需的用户名和密码。在向导中选择"其他 / 高级"选项打开"数据连接属性"对话框。在此对话框中，选择一个数据源提供者、设置连接所需要的信息和其他初始化属性。这些信息可能可以从网络或服务器管理员处获得。使用"数据链接属性"对话框中的"帮助"按钮，以获取每个域的详细信息。

如果在 Outlook 中维护和管理的详细联系人列表，包括公司名称、电话号码、邮寄地址以及其他信息，可以充分利用自己的联系人文件夹作为数据源，用于邮件合并操作。默认情况下，所选文件夹中的联系人在操作中处于被选定状态。清除不想在邮件合并操作中使用的联系人旁边的复选框。

> 提示：如果更改了 Outlook 联系人列表，单击"刷新"按钮更新收件人列表。注意，在"邮件合并收件人"对话框中不能编辑 Outlook 联系人信息。

➤ **创建和管理地址列表**

1. 在**邮件**选项卡，单击**选择收件人**，然后单击**键入新列表**。

2. 在**新建地址列表**对话框中，输入第一个收件人信息，然后单击**新建条目**。

3. 重复步骤 2，添加所有收件人信息。

4. 要删除一个条目，选择该行，然后单击**删除条目**。

5. 要查找列表中的某个收件人，单击**查找**。在**查找条目**对话框中，输入要让 Word 查找的文本字符串。这可能是收件人的名、姓、城市名，或与不同的域相关的值。要在一个特定的域中搜索，单击此域，然后选择要搜索的域。单击**查找下一个**。当你定位到要查找的域时，单击**取消**。

6. 在**新建地址列表**对话框中，单击**确定**。

7. 在**保存地址列表**对话框，打开想保存此地址列表的文件夹，然后单击**保存**。

➤ **自定义地址列表**

1. 在**新建地址列表**对话框中，单击**自定义列**。

2. 执行以下一项或多项操作。

　○ 要添加一个自定义域，单击**添加**，在**添加域**对话框输入域的名称，然后单击**确定**。

　○ 要改变域的顺序，选择要移动的域，然后单击**上移**或**下移**。

➤ **选择外部数据源**

1. 在**开始邮件合并**组中，单击**选择收件人**，然后单击**使用现有列表**。

2. 在**选择数据源**对话框中，打开包含要使用的含有数据源文件的文件夹。

3. 如果没有显示想要的文件类型，在**文件类型**列表中，选择该文件的文件格式。

4. 选择数据源的文件，然后单击**打开**。

5. 根据所选的数据源类型，使用**选择表格**对话框选择含有收件人信息的 Excel 工作表、单元格区域或数据库对象。

➤ **使用 Outlook 联系人文件夹作为收件人列表**

1. 在**开始邮件合并**组中，单击**选择收件人**，然后单击**从 Outlook 联系人中选择**。

2. 如果出现提示，选择与要使用的联系人文件夹相关联的 Outlook 文件夹。

3. 在**选择联系人**对话框中，选择联系人文件夹，然后单击**确定**。

4. 在**邮件合并收件人**对话框，清除不想在此邮件合并中使用的联系人名字旁边的复选框。

5. 要更新列表以便显示在 Outlook 中所做的最新更改，在**数据源**区域选择**联系人**，然后单击**刷新**。

修改收件人列表

当单击"开始邮件合并"组中的"编辑收件人列表"按钮时，Word 将打开"邮件合并收件人"对话框。要在邮件合并操作中排除某个收件人，清除该收件人姓名旁边的复选框。

使用列名旁边的箭头对列表进行排序或筛选，或者使用"调整收件人列表"区域中列出的链接。例如，在准备特定客户的邮件操作时，可按城市名或公司名排序。

单击"调整收件人列表"区域中的"排序"和"筛选"命令，打开"筛选和排序"对话框（单击列标题旁边的箭头时会显示一个菜单，选择该菜单上的"高级"也可以打开"筛选和排序"对话框）。

> 有关使用"筛选和排序"对话框的详细信息，请参阅本节前面的话题"建立和管理收件人列表"。

单击"查找重复收件人"命令，打开"查找重复收件人"对话框，该对话框会列出 Word 确定的重复收件人的条目。清除不希望包括的条目的复选框。也可以通过搜索所有域或某些特定域中的值，例如姓名或公司名称，来查找一个特定的联系人。

对于某些类型的数据源（如 Excel 工作簿和 Access 数据库，但不包括 Outlook 联系人列表），可以编辑有关收件人的详细信息。

➤ **编辑收件人列表**

1. 在**开始邮件合并**组中，单击**编辑收件人列表**。

2. 在**邮件合并收件人**对话框中，选择**数据源**区域中的收件人列表，然后单击**编辑**。

3. 在**编辑数据源**对话框，更新域值，或单击**新建条目**，添加一个收件人记录。

4. 在**编辑数据源**对话框中，单击**确定**。在 Word 显示的消息框中，单击**是**更新收件人列表，并保存对原始数据源做出的修改。

➤　调整收件人列表

1. 在**开始邮件合并**组中，单击**编辑收件人列表**。在**邮件合并收件人**对话框中，执行下列其中一项操作。

- ○ 使用列标题旁边的箭头，按显示的菜单上的域对列表进行排序（升序或降序排列），或根据该域的值对列表进行筛选。

- ○ 要进行更高级的排序，在**调整收件人列表**区域，单击**排序**打开**筛选和排序**对话框。在**排序记录**选项卡，可以根据最多 3 个域进行排序。

- ○ 要定义一个高级筛选条件，在**调整收件人列表**区域，单击**筛选**。在**筛选和排序**对话框的**筛选记录**页面，选择用于筛选的条件。选择一个比较运算符，然后输入用于筛选的文本。在最左边的列中，还可以选择 **AND** 或 **OR** 运算符，然后添加另外一个域到筛选条件。重复此步骤定义其他筛选条件。

- ○ 要检查重复的收件人，单击**查找重复收件人**。在**查找重复收件人**对话框，清除不希望包含重复的条目旁边的复选框。

- ○ 要查找一个特定的收件人，单击**查找收件人**。在**查找条目**对话框中，输入要 Word 查找的文本。要在一个特定的域中查找，选择**此域**，然后选择要使用的域。

2. 在**邮件合并收件人**对话框中，单击**确定**。

添加合并域

合并域与收件人列表中的信息列相对应。要将存储在收件人列表中的信息添加到一篇文档，可以在要显示该信息的地方插入合并域。信息可以放在文档的开始，用来定义一个地址块或问候语，也可以放在文档正文中，可能包括公司名称或其他信息。

Word 为地址块和问候语提供了复合的合并域。使用"编写和插入域"组上的

"地址块"命令可以插入标准的信息，如标题、姓名、邮寄地址、城市、州、国家 / 地区和邮政编码。在"插入地址块"对话框中，可以对地址块进行修改，以符合正在进行的邮件合并操作的需要。

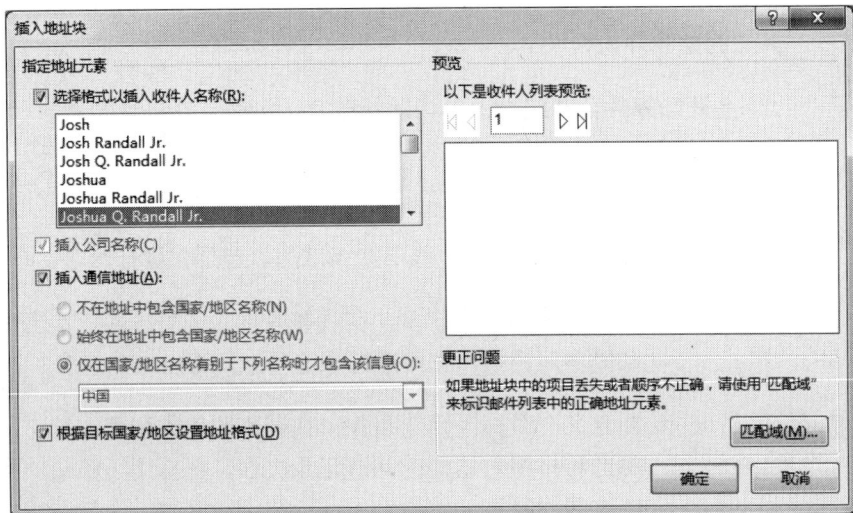

G03WE23："插入地址块"对话框屏幕截图。

对标准地址块可进行以下修改。

- 选择收件人姓名格式（只显示名、显示名和姓、姓氏前带称呼等）。

- 如果不想包含公司名称，清除"插入公司名称"选项的复选框（默认情况下该复选框处于选中状态）。

- 清除"插入通信地址"复选框。例如，用户可能希望文档中只出现姓名、标签或信封使用地址信息。还可以设置在什么情况下地址块中使用国家 / 地区名称。

"问候语"命令也有类似的选项。在"插入问候语"对话框，可将问候语格式设置为"尊敬的"、"致"等，设置收件人姓名的显示方式。当收件人列表中的信息与所选的姓名格式不匹配时，可使用"应用于无效收件人姓名的问候语"列表选择一种问候语格式。

要插入单个合并域，包括任何建立收件人列表时定义的自定义域，从"插入合并域"列表中选择要插入的域，或使用"插入合并域"对话框。在该对话框中，选择"地址域"选项，展开地址域列表。

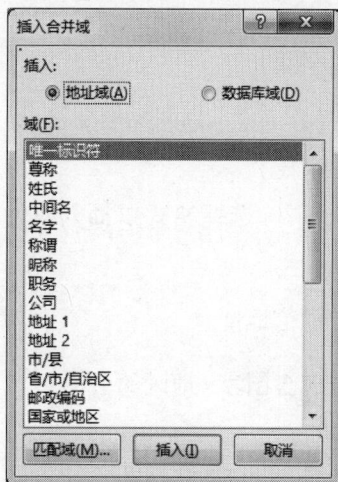

G03WE24："插入合并域"对话框屏幕截图。

可以在文档任何地方插入这些域。例如，在信的最后一段，可能为了强调会重复收件人的名字："最后，我想再次感谢 << 名字 >>，对我公司的支持。"

如果 Excel 工作表或其他数据源中的域不能与 Word 中的域一一对应，可使用"编写和插入域"组中的"匹配域"命令打开"匹配域"对话框，在该对话框可以设置所需的域关系（单击"插入地址块"或"插入问候语"对话框中的"匹配域"按钮也可以打开该对话框）。

如果数据源的一个域不与 Word 中的域匹配，Word 会显示"不匹配"。为了匹配 Word 中的域（左侧所列出的域），从其右侧的列表中选择一个域。请记住，邮件合并文档中不能包含任何不匹配的域。如果希望正在使用的计算机上其他邮件合并操作也使用该信息源，可保存匹配域设置。

> **提示**：用户并不需要一次完成邮件合并操作；可以保存正在准备邮件合并操作的文档，Word 会保持与收件人数据源和任何插入的合并域的关联。当再次打开该文档时，单击 Word 显示的信息框中的"是"，以确认打开文档并运行 SQL 命令。

➤ **插入地址块**

1. 将光标放在要插入地址块的位置。

2. 在**编写和插入域**组中，单击**地址块**。

3. 在**地址块**对话框中，执行下列其中一项操作。

  ○ 选择收件人姓名的格式，或清除**选择格式以插入收件人名称**复选框，从地址块中排除名称。

  ○ 指定是否要包括公司名称和通信地址。

  ○ 指定在什么情况下地址块中包含国家 / 地区的名称。

  ○ 指定是否根据目的地国家或地区的习惯设置地址块格式。

4. 使用**预览**区检查地址块显示的效果。

➤ **插入问候语**

1. 将光标放在要插入问候语的位置。

2. 在**编写和插入域**组中，单击**问候语**。

3. 在**插入问候语**对话框中，执行下列其中一项操作。

  ○ 指定问候语元素的格式，包括称呼和名称格式。

  ○ 选择用于无效收件人名称的问候语的格式。

4. 使用**预览**区域查看问候语显示的效果。

➤ **插入合并域**

1. 将光标放在要插入合并域的位置。

2. 在**编写和插入域**组中，单击**插入合并域**，然后选择要使用的域，或打开**插入合并域**对话框，选择要使用的域，然后单击**插入**。

➤ **匹配域**

1. 在**编写和插入域**组中，单击**匹配域**。

2. 在**匹配域**对话框，匹配 Word 在收件人列表中提供的域的名称。

3. 单击**确定**。

➤ 使用邮件合并规则

邮件合并规则用来定义条件元素，增加邮件合并操作的灵活性，并帮助定义邮件合并操作产生的记录。这些规则列在"编写和插入域"组的"规则"菜单上。

其中一个实用的规则是"如果 ... 那么 ... 否则 ..."规则。在用于建立该规则的对话框中，首先指定"如果"条件（例如，如果"国家"域等于"加拿大"）。在"则插入此文字"框中，输入当条件为真时希望 Word 插入的文字。在"否则插入此文字"框中，输入当条件为假时希望 Word 插入的文字。

设置邮件合并规则在定义的条件的基础上，自定义内容

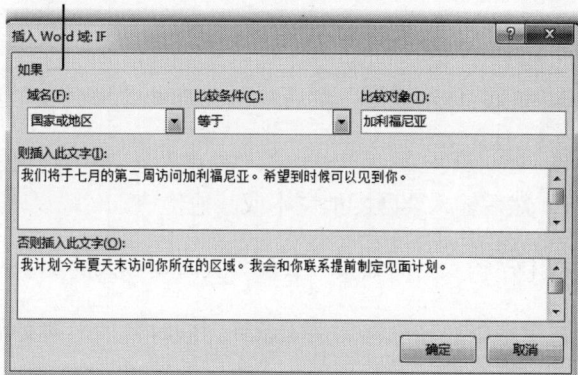

G03WE25：用于设置邮件合并规则的"插入 Word 域：IF"对话框屏幕截图。

其他两项实用的规则是"询问"和"填充"。每个邮件合并文档生成时，这些规则就会提示用户更改正在使用的信息。要设置"询问"规则，将光标定位在要插入特定文本的位置，然后单击"规则"菜单上的"询问"。在"插入 Word 域：Ask"对话框，输入一个书签名称。例如，在想要客户收到的折扣的位置，创建一个名为"折扣"的书签。在"提示"框中，输入一条提示，让用户或其他人知道要输入的文字。在"默认书签文字"框中，输入想要默认显示的文字。

如果只想在最终邮件合并的开始出现提示，选择"询问一次"复选框。如果想每个记录都出现提示，清除该复选框。关闭对话框后，Word 显示只有一个标记，表明已经插入了书签。

现在切换到功能区上的"插入"选项卡，单击"文档部件"，然后单击"域"。在"域"对话框的"域名称"列表中向下拖动滚动条，选择"Ref"域。在"域属性"区中，选择所创建的书签的名称。关闭"域"对话框，默认文本就会出现在文档中。当启动合并文件时，系统会提示接受默认的文字或为正在生成的特定文件插入其他文字。

"填充"规则的原理与此类似。将光标定位到要提示填充某种信息的位置。单击"规则"菜单上的"填充"，然后在"插入 Word 域：Fill-in"对话框输入一条提示和默认的填充文字。

要将一个特定的值与书签关联，可使用"设置书签"规则。在 Word 显示的对话框中，输入一个书签名称，然后输入与该书签关联的值。书签可以放置在文档的多个位置（在需要出现您所关联的值的任何位置）。如果以后需要更新该值，可以一次性编辑此域值，而不必每次更新。

➤ **定义"如果 … 那么 … 否则 …"合并规则**

1. 在**编写和插入域**组中，单击**规则**，然后单击"**如果 … 那么 … 否则 …**"。

2. 在**插入 Word 域：If** 对话框中，选择要在"如果"条件中使用的域，选择一个比较条件运算符，然后输入要匹配的文本或其他价值。

3. 在**插入此文字**框中，输入当"如果"条件为真时要插入的文字。

4. 在**否则插入此文字**框中，输入当定义的条件为假时要插入的文字。

➤ **预览邮件合并结果**

在"邮件"选项卡，单击"预览结果"，显示合并域，从而显示收件人记录。使用"查找收件人"命令查找一个特定的收件人，或使用预览箭头逐条查看收件人列表中的记录。

打印文档或通过电子邮件运行邮件合并前，Word 可以进行错误检查。在"检查并报告错误"对话框有 3 个选项：模拟合并，同时在新文档中报告错误；如果 Word 中遇到错误，运行合并和暂停；完成合并，在新文档中报告错误。Word 检查的错误类型包括收件人列表中缺少的信息。

➤ **将个人电子邮件信息发送给收件人组**

只要有一个兼容的电子邮件程序（如 Outlook），就可以设置邮件合并操作，将电子邮件信息发送到收件人组。每封邮件都是发给一个收件人的单独邮件，而不是作为整体发送到收件人组，用户可以个性化设置每个邮件，例如，只使用收件人的名。

发送电子邮件的关键是，数据源应在标题行中有一个标记为"电子邮件地址"的列。为打印的信件设置带有地址块、问候语和其他合并域的文档，然后可以预览计划发送的邮件的效果。

在"合并到电子邮件"对话框中，选择要使用的邮件"收件人"的域（很可能时电子邮件地址），在"主题行"输入邮件主题，然后选择邮件格式（附件、HTML 或纯文本）。在"发送记录"区域，可以指定是否将邮件发送给所有记录、当前记录或收件人记录的子集。

➤ **作为邮件合并文档发送个人电子邮件**

1. 创建要作为邮件发送的文档。

2. 选择或建立收件人列表，合并域，然后根据需要设置合并规则。

3. 在**邮件**选项卡**完成**组中，单击**完成并合并**，然后单击**发送电子邮件**。

4. 在**合并到电子邮件**对话框中，选择**收件人**信息的域。

5. 输入一条邮件主题语，然后选择邮件格式。

6. 选择要发送邮件到收件人的记录，然后单击**确定**。

➤ **为邮件合并操作设置标签或信封**

"邮件"选项卡提供了多种创建和打印标签和信封的方法。可以使用"开始邮件合并"菜单上的"信封"或"标签"选项，从收件人列表合并信息，产生所需要的信封或标签。也可以使用"创建"组（邮件选项卡最左侧的组）的"信封"和"标签"命令，不用设置完整的邮件合并操作就可以准备和打印信封或标签。

作为邮件合并操作的一部分准备打印标签或信封时，从一个空白文档开始。当一篇文档打开时，选择"开始邮件合并"菜单上的"信封"或"标签"选项，然后单击"信封选项"对话框或"标签选项"对话框上的"确定"按钮，这时，Word 会显示一条警告信息，要求必须删除打开文档中的内容，并且继续操作后任何未保存的更改都将丢失。

根据为信封或标签所做的选择（例如信封尺寸，或标签供应商和产品编号），

Word 会显示带有插入合并域的文档。输入或选择收件人列表，然后添加要包含在信封或标签上的合并域。例如可以使用"地址块"命令，或添加单个的合并域。还可以添加合并规则，例如，可以添加"合并记录＃"规则，以此来确定要打印多少标签或信封。

设置了合并域后，可以预览结果，然后使用"完成并合并"菜单打印标签或信封。

➤　**设置邮件合并的信封**

1．创建一个空白文档。

2．在**开始邮件合并**菜单上，单击**信封**。

3．在**信封选项**对话框，选择信封的尺寸。

4．根据需要更改地址字体的格式设置。

5．在**打印选项**选项卡中，检查正在使用的打印机设置是否正确。

6．单击**确定**。

7．单击**选择收件人**，然后为要使用的收件人列表选择一个选项。

8．添加合并域到信封，创建一个地址块。

9．预览结果，并检查是否有错误。

10．单击**完成并合并**，然后单击**打印文档**。

➤　**设置邮件合并标签**

1．创建一个空白文档。

2．在**开始邮件合并**菜单上，单击**标签**。

3．在**标签选项**对话框中，选择正在使用的打印机类型。

4．在**标签信息**区域中，选择标签供应商，然后选择正在使用的标签的产品编号。

5．单击**确定**。

6．单击**选择收件人**，然后为要使用的收件人列表选择一个选项。

7．添加合并域到文档，创建一个地址块。

8. 预览结果，并检查是否有错误。

9. 单击**完成并合并**，然后单击**打印文档**。

实践任务

这些任务的实践材料都位于 MOSWordExpert2013\ Objective3 实践材料文件夹，将完成的任务保存到相同文件夹中。

● 打开文档 *WordExpert_3-3a* 并执行以下操作。

○ 使用 Word 2013 提供的内容控件，添加文档中使用的内容控件，设置控件指定的属性。本项任务将生成一份订单，用户可以选择产品、指定想要的产品数量和颜色，以及指定送货选项和特别说明（如果需要的话）。完成后将订单命名为订单 保存。

○ 将每种类型的窗体域添加到创建的订单中（订单）。

○ 使用限制编辑命令保护该订单文件。取消保护，然后删除上一步中添加的一个或多个窗体域。

● 打开一个新的空白文档。选择 *WordExpert_3-3b* 工作簿作为收件人列表，然后打印邮件合并操作用的一份标签页。可以尝试使用不同尺寸的标签。

● 打开文档 *WordExpert_3-3c* 并执行以下操作。

○ 选择使用现有列表作为收件人列表的选项。选择 *WordExpert_3-3b* 工作簿。

○ 使用"匹配域"命令，以便使 Word 中的地址合并域与 *WordExpert_3-3b* 工作簿中列出的域相匹配。

○ 编辑收件人列表：添加自定义的条目，并更改一些域的域值。

● 打开文档 *WordExpert_3-3d* 并执行以下操作。

○ 选择创建一个电子邮件邮件合并操作的选项。

○ 使用该文档第 2 页上的姓名列表，在 Word 中创建一个地址列表。此外，创建一个自定义地址列表域，命名为"职位"。

○ 编辑收件人列表，添加一条自己的联系人信息。请将自己的邮箱地址添加到"电子邮件地址域"，用于多个收件人。

○ 插入一个地址块，然后在文档中的高亮区域插入"职位"域。

○ 为"职位"域创建一条"如果 ... 那么 ... 否则"规则，为"职位"等于"撰稿人"的记录输入"我对您的撰稿人职位感兴趣"。对于其他的记录，使用文字"我对您最近公布的职位感兴趣"。

○ 预览记录，然后运行电子邮件合并操作。

目标回顾

结束本章学习之前，确保掌握了以下技能：

3.1 创建和管理索引

3.2 创建和管理引用目录

3.3 管理窗体、域和邮件合并操作

第 4 章

创建自定义 Word 元素

本节中微软办公专家认证 Word2013 所测试的技能涉及创建自定义 Word 元素，包括构建基块和样式集，具体包括下列目标：

4.1 创建和修改构建基块

4.2 创建自定义样式集和模板

4.3 准备文件的国际化和辅助功能

本章详细说明了进行自定义的方式，用以建立和设计 Word 文档。本章首先将描述如何创建和修改构建基块，如封面、页眉或页脚。然后，它将涉及如何处理自定义样式集、模板和主题颜色和字体。本章节的最后一部分概述了为确保文件访问可以采取的步骤，例如，通过包括屏幕阅读器使用的描述图像和插图的替代文本，如何实现面向国际用户的内容标准。

> **实践材料：** 要完成本章实践任务，读者需要获得包含在MOSWordExpert2013\Objective4 实践材料文件夹中的文件。欲了解更多信息，请参见本书前言中"下载实践材料"内容。

4.1 创建和修改构建基块

Word 2013 的库由所谓的构建基块构成。Word 为页眉和页脚、封面、表格和其他文档提供了构建基块。Word 在构建基块管理器中显示了一个构建基块列表，该对话框可以通过单击"插入"选项卡的"文档部件"打开，然后单击"构建基块管理器"。在列表中选择一个构建基块，显示它的预览和说明。

单击某个列标题对构建基块列表进行排序

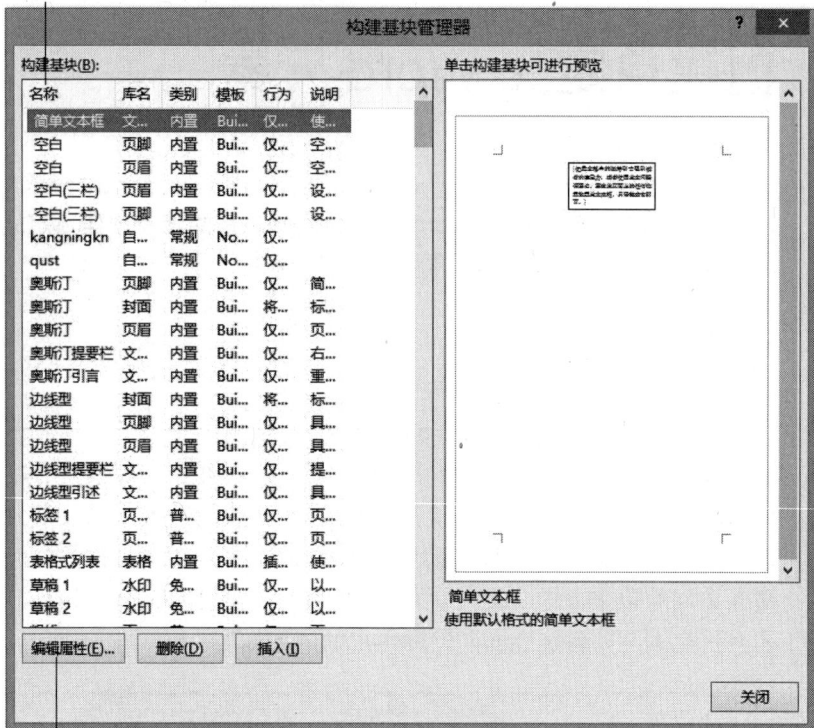

单击"编辑属性"以更改一个构建基块的库或类别

G04WE01："构建基块管理器"屏幕截图。

编辑构建基块属性

每个构建基块的属性可以用以保持基块有序性和指定 Word 如何插入构建基块。在"修改构建基块"对话框（在"构建基块管理器"中单击"编辑属性"打开此对话框）中，可以更改一个构建基块分配的库、类别、说明和其他属性。

G04WE02："修改构建基块"屏幕截图。

在"修改构建基块"对话框中，可以设置或更改以下属性。

- **名称** 构建基块的名称。

- **库** 想要构建基块出现的库。使用内置的库（如"自动图文集"或"封面"），或一个 Word 提供的名为自定义的库。不能输入自己的库名称。

- **类别** 可以将构建基块分配给库中的一个范畴。库中的项目按其类别进行分组。在该列表中，单击"创建新类别"规定一个自定义类别。

- **说明** 当指向库中的构建基块和选择构建基块管理器中的项目时，本部分提供显示在屏幕提示的说明。

- **保存位置** 这个位置规定了要保存构建基块的模板。可提供的选项包括"Normal.dotm"（默认的 Word 模板）、Building Blocks.dotx（默认情况下用来存储构建基块的模板）和附加到当前文档的模板。

- **选项** 此选项规定了如何插入构建基块。这些选项为"仅插入内容"、"插入自身的段落中的内容"和"将内容插入其所在的页面"。这些选项的第一个将构建基块放置于光标处而无需添加一个段落或分页符。

➤ **编辑构建基块属性**

1. 在**插入**选项卡上，单击**文档部件**，然后单击**构建基块管理器**。

2. 在**构建基块管理器**中，选择想要编辑其属性的构建基块，然后单击**编辑属性**。

3. 在**修改构建基块**对话框中，更新**名称**、**库**、**类别**、**说明**、**保存位置**和**选项**属性的设置。

4. 在**修改构建基块**对话框中单击**确认**，如果出现提示进行确认，然后在**构建基块管理器**对话框中单击**关闭**。

创建自定义构建基块

可以创建自己的构建基块并将它们保存为一个库。例如，可以插入一个内置的页眉，然后使用"设计"工具选项卡来修改页眉，可以插入和定位文档信息的域、图片和其他元素。然后，可以将页眉保存到页眉库，可以用于其他的文档。

在"新建构建基块"对话框，为新建构建基块定义属性。原来的"编辑构建基块属性"主题中详细描述了这些属性。

"选项"列表中的设置控制着 Word 如何插入一个构建基块

G04WE03："新建构建基块"对话框屏幕截图。

➤ 创建自定义构建基块

1. 创建想要保存为自定义构建基块的文档元素。这可以是一个封面页、一个方程式、一个页眉页脚、一个表格、一个文本框或一个简单的文本块。

2. 选择元素。在**插入**选项卡上，展开所创建的构建基块的类型的库，然后单击**将所选内容保存到文档部件库**。

3. 在**新建构建基块**对话框中，命名构建基块。

4. 在**库**和**类别**列表中，指定构建基块的库和类别。

5. 为构建基块输入一个说明。

6. 在**保存位置**列表中，选择要存储构建基块的模板。

7. 在**选项**列表中，选择一个如何插入构建基块的选项，然后单击**确定**。

删除构建基块

可以从构建基块管理器中删除一个构建基块。

> ➤ **删除构建基块**

1. 展开库，用鼠标右键单击构建基块，然后单击**组织和删除**。

2. 在**构建基块管理器**中，选中构建基块，然后单击**删除**。

3. 在 Word 所显示的消息框中，单击**是**进行确认操作。

实践任务

这些任务的实践材料位于 MOSWordExpert2013\Objective4 实践材料文件夹，将完成的任务保存到相同文件夹中。

● 打开文档 *WordExpert_4-1* 并执行以下操作。
○ 通过插入文档信息域和页编号来修改页眉。
○ 将页眉另存为自定义构建基块。
○ 打开"构建基块管理器"，选择所创建的自定义页眉，编辑其属性，将其添加到名为内部构建基块的自定义类别。
○ 删除自定义页眉构建基块。

4.2 创建自定义样式集和模板

模板、样式和主题均提供了格式化 Word 文档的方法。模板包含多种样式，规定了页面布局、页眉和页脚和类似元素的设置。主题应用一种格式，规定了正文和标题文本字体、标题和其他元素的颜色和文字效果，例如阴影。样式（和样式集）规定了字体、段落、标签和其他格式的设置，这些元素作为一组应用于段落和字符。

有关样式的更多信息，另请参见第 2.2 节"应用高级样式"。

本节介绍如何创建自定义主题元素、样式集和模板。当处理主题、模板、样式和样式集时，请记住，一个模板（部分）由它包含的样式和这些样式属性定义。将样式应用于文档内容之后，可以应用一个不同模板或一个不同的样式设置，具有相同名称的样式被更新，反映出新模板或样式设置规定的格式。如果一个

模板或一个文档中的样式设置了使用主题字体、主题颜色，可以通过应用一个新的主题显示一组不同的字体和颜色。

主题和样式集显示在"设计"选项卡中，在"文档格式"组，还有其他可用以保存一个自定义的主题，保存新的样式集，以及创建自定义主题颜色和主题字体集的命令。

创建自定义主题元素

微软办公软件程序所用的主题可将格式应用于整个文档的元素中。通过应用一个主题，则可以快速更新一个文档的显示方式。

在 Word 中，主题会影响颜色、字体和文字效果的设置，例如阴影。应用一个主题的效果取决于文档是否使用依赖于主题字体和主题颜色的样式。如果一个文档的样式不依赖于主题规定的颜色和字体，应用一个不同的主题将不起作用。

> 提示：Word 在一个单独的字体库（在"开始"选项卡）展示主题字体，展示可以应用于形状和其他图形对象的主题颜色，以及可进行填充的颜色调色板和边框颜色。

当一个主题应用于文档时，可以用不同的颜色组合和一组不同的字体，可以选择"设计"选项卡上的"颜色"和"字体"库的预设选项。"颜色"和"字体"库还提供了用于创建自定义配置的选项。

创建自定义主题颜色

若要创建自定义主题颜色，为元素，例如文本、背景、着色和超链接指定颜色。在"创建新的主题颜色"对话框自定义主题颜色。可以为所列出的每个元素选择一种颜色，并利用示例区域来查看如何将所做的选择应用于文本和文档中的图形元素。对于每个元素，可以选择一个不同的主题颜色、一种标准的颜色或一个自己组合的颜色。

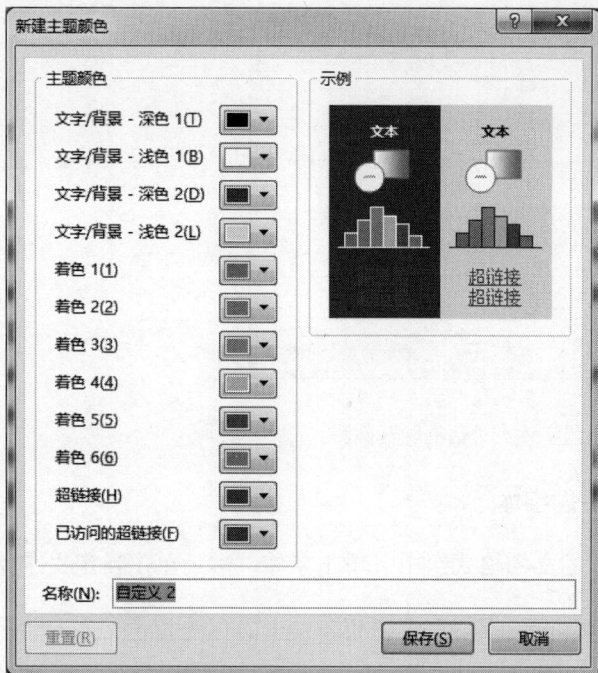

G04WE04："新建主题颜色"对话框屏幕截图。

➤　**创建自定义主题颜色**

1. 在**设计**选项卡的**文档格式**组中，单击**颜色**，然后单击**自定义颜色**。

2. 在**新建主题颜色**对话框，显示想要更改的一个元素的调色板。

3. 在调色板中，选择一个不同的主题颜色或一种标准的颜色，或单击**其他颜色**以打开的**颜色**对话框，然后选择要创建自定义颜色的设置。

4. 对于想要更改颜色的每个元素，重复步骤 3。

5. 当完成更改的主题颜色后，为自定义主题颜色集合输入一个名称，然后单击**保存**。

创建自定义主题字体

主题字体涵盖标题字体和正文字体。可以在"新建主题字体"对话框指定自己的主题字体。

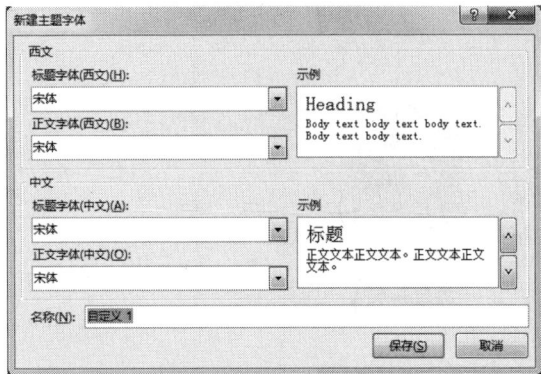

G04WE05："新建主题字体"对话框屏幕截图。

➤ 创建自定义主题字体

1. 在**设计**选项卡的**文档格式**组中，单击**字体**，然后单击**自定义字体**。

2. 在**新建主题字体**对话框中，选择想要使用的标题和正文文本的字体。

3. 为一系列自定义主题字体输入一个名称，然后单击**保存**。

自定义模板

通过添加和移除元素，如图像、封面、页眉和页脚和通过更改格式设置和样式属性，来强调和组织模板的设计呈现的信息，可以修改现有的模板。

可以从"自定义办公软件模板"文件夹（在"我的文档"中）或用于存储模板的任何文件夹中打开一个模板，对它进行更改，另外进行记录（从"新建"页或"开始"屏幕上下载的模板默认情况下都存储在用户文件中，位置为 C:\Users*user name*\AppData\ Roaming\Microsoft\Templates）。在做出这些更改之后，将更新的模板附加到新的文档，并查看结果。如果要检查一个现有文档的更改，请务必在"模板和加载项"对话框中选择"自动更新文档样式"复选框。若要打开此对话框，单击"开发工具"选项卡，然后单击"文档模板"。

> **备考贴士：**如果"开发工具"选项卡未显示在功能区上，打开 Word"选项"对话框，显示"自定义功能区"页面，在"自定义功能区"列表中选择"开发工具"。

选择"自动更新文档样式"来显示当前文档中的模板的更改

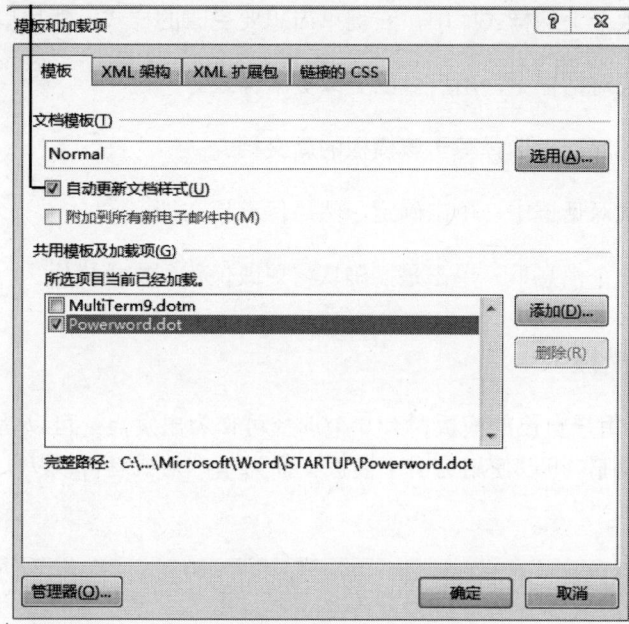

G04WE06："模板和加载项"对话框屏幕截图。

附加到一个模板的文档时，还可以修改模板的元素。例如，可能想要更清楚地区分标题 2 样式和标题 3 样式。当在"修改样式"对话框中调整样式时，选择"基于该模板的新文档"。保存文档时，将提示是否保存模板中所做的更改，Word 将显示一个消息框。

有关修改样式的更多信息，请参见第 2.2 节"应用高级样式"。

➤ 更改模板文件

1. 单击**文件**选项卡，然后单击**打开**。

2. 在**打开**对话框中，选择并打开想要更改的模板文件。

3. 对模板文件做一些更改。

4. 单击**文件**选项卡，然后单击**保存**。

➤　**在处理某个文档时更改模板**

1. 在**主页**选项卡上的**样式**库中，右键单击想要更改的样式，然后单击**修改**。

2. 在**修改样式**对话框中，用所做的更改更新样式。

3. 在对话框的底部，选择**基于该模板的新文档**。

4. 在**修改样式**对话框中，单击**确定**，然后保存该文档。

5. 如果出现一个消息框，单击**是**，确认将更改保存到文档模板。

设计自己的模板

如果想要设计用户自己的模板，有几个选择可作为出发点。可以使用一个文档作为模板的基础，可以使用另一个模板文件为基础，或者可以从头开始创建一个模板。

> **备考贴士**：当创建模板时，保存文件至"自定义办公软件模板"文件夹，以便在"新建"页面上单击"自定义"时该模板可用（第一次保存到办公软件程序的自定义模板时，此文件夹被创建出来）。

下面是一些应该考虑包括在模板中的元素。

- **样式**　需要哪一种样式？只能用内置样式，或者需要从零开始定义每个样式吗？根据该模板的用途，需要考虑标题、普通段落、列表、表格、插图和图像和其他元素的样式。当用"自动"以外的颜色创建样式或其他模板功能时，确保所应用的颜色是一种主题颜色，而非一个标准调色板中的颜色。更改主题时，主题颜色会发生变化，但标准颜色不会变化。

> 有关创建样式的更多信息，请参见第 2.2 节"应用高级样式"。

- **页眉和页脚**　添加页码、日期、文档标题（例如请求建议）和其他信息（例如标签草案或机密），想要每个文档基于此模板以包含在这些领域中。要定义一个页眉或页脚，在"插入"选项卡上单击"页眉"或"页脚",然后选择想要使用的格式。

- **图像**　添加一个公司徽标或其他图形,是每个文档的一部分。在"插入"选项卡,单击"图片"向文档中添加一张图片。

- **页面布局**　使用"页面布局"选项卡上的命令和工具来设置页边距、页面方向、页面大小、列数和其他布局相关的设置。

> 有关更详细的信息,请参见第 2.1 节"应用高级格式"的"使用高级布局选项"主题。

- **文档引用**　如果适用,添加一个内容占位符表格。如果该模板用于包括几张插图的文档,表示是否需要标题和确定标题的默认样式。

> 更多有关使用表格的内容和标题,请参见第 3.2 节"创建和管理参考表格"。

- **占位符文本**　为元素,如地址模块、产品引用、议程项目、会议笔记和其他基于该模板的文档中应包含的内容,添加占位符文本。

- **表格**　选择想要的表格格式的类型。可以使用 Word 提供的一个内置表格样式或定义自己的样式。

- **宏**　创建可能适用于该模板的宏。

- **构建基块**　可以保存构建基块,并将它们与模板一起分发。

当分发或该模板由他人使用时,与模板一起保存的构建基块位于库中。

> 有关创建构建基块的详细信息,请参见第 4.1 节"创建和修改构建基块"。

- **内容控件**　可以向一个模板添加某些类型的内容控件,以帮助您和其他用户管理信息。例如,可以将下拉列表控件添加到一个模板,定义该列表中的项目,然后选择生成文档需要的项目。通过设置一个内容控件的属性,可以限制控件允许的内容(只有某些列表中的项目),或提供更多的灵活性。

> 有关内容控件的信息，请参见第 3.3 节"管理窗体、域和邮件合并操作"。

➤ **创建自定义模板**

1. 单击**文件**选项卡，然后单击**新建**。

2. 创建一个空白文档，或打开现有的模板进行自定义。

3. 定义模板元素，如样式、页眉和页脚、图像和页面布局等设置。

4. 单击**文件**选项卡，然后单击**另存为**。

5. 在**另存为**对话框中输入模板的名称。

6. 在**另存为类型**列表中，选择 **Word 模板 (.dotx)**.

或

如果模板中包含宏，请选择**启用宏的 Word 模板 (.dotm)**。

7. 单击**保存**。

创建和管理样式集

样式集类似于主题，它们可以一步就改变一个文件的整体外观。除了字体和颜色，样式集更改诸如字体大小、标题大写、行间距、边框和对齐方式等元素。使用样式集更有利于将定义的样式应用到不同的文档元素（例如，标题、列表和普通段落）。利用一个文档中存在的样式，可以轻松地使用一个样式集更新文档的外观。

> **重要：**样式集仅更改样式所规定的格式。通过应用一个样式集，不更新任何直接应用于文档元素的格式。

样式集的定义包含在 .dotx 文件中，这种扩展名用于 Word 模板。应用一个样式集不会替换与文件关联的模板，它只应用样式集的样式定义。

Word 将其默认样式集储存在"Progrom.Files"中。对于 32 位版本的办公软件，该路径为 C:\Program Files (x86)\Microsoft Office\Office15\1033\QuickStyles。对于 64 位版本的办公软件，该路径为 C:\Program Files (x86)\Microsoft Office\Office15\1033\QuickStyles。然而，保存自定义样式集时，Word 会提示是否将文件保存到用户资料中，位置是：C:\Users*user name*\AppData\Roaming\ Microsoft\ QuickStyles file。

应用样式集之后，如果想要还原当前模板定义的格式，可以恢复为该模板使用定义样式，在"设置样式"库的底部单击"重置样式集"。

➤ **创建自定义样式集**

1. 利用想要的样式定义来建立一个文档（如果有这个想法，以现有的样式为开始）。

2. 在**设计**选项卡的**文档格式**组中，单击**更多**，然后单击**另存为新样式集**。

3. 在**另存为新样式集**对话框，命名该样式集，然后单击**保存**。

实践任务

这些任务的实践材料位于 MOSWordExpert2013\Objective4 实践材料文件夹，将完成的任务保存到相同文件夹中。

● 打开文档 *WordExpert_4-2* 并执行以下操作。

○ 将"平面"主题应用于文档中，然后再使用"颜色"和"字体"菜单来应用一组不同的主题颜色和主题字体。观察颜色如何应用于不同的元素和字体发生如何改变。将另一个形状添加到文档，然后使用"形状填充"命令应用一个标准颜色。更改主题，形状的颜色不会改变。

○ 创建一组自定义主题颜色和主题字体，然后将这些自定义集应用于该文档。使用"主题"库来重置文档作为模板。

○ 应用一个或多个样式集至文档，观察所发生的变化。

○ 修改标题 1、标题 2、标题 3 和正常样式，以便对字体大小、行间距、缩进和类似属性使用不同的设置。将更改保存为一个自定义样式集。

4.3　准备文件的国际化和辅助功能

本节描述的概念和步骤，有助于文件便于国际化（多语种）读者和残障用户使用。本节提供了实践功能的诸多解释，如"辅助功能检查器"和窗体中设置选项卡顺序的宏，还介绍了可以帮助确保文档的内容符合国际化和辅助功能的标准做法。

在文档中配置语言选项

当安装办公文件（或作为一个独立程序的 Word）时，默认设置为一种语言。例如，检查文档的拼写时，Word 提供的拼写和校对工具使用该语言。

对于包含多个语言内容的文档，进行拼写检查时可以添加其他 Word 可以使用的编辑语言。在 Word"选项"对话框中的"语言"页面上，可以设置其他语言。这些设置可用于 Word 所创建的任何文档。

处理一个文档时，可以使用"语言"对话框（可以从"审阅"选项卡中打开）来指定所选文本的语言，然后使用这种语言来检查拼写。对该语言进行拼写检查，必须安装所选择语言的校对工具。默认情况下，如果校对工具丢失和不可用，Word 提供了一个用以下载这些工具的链接。对话框顶部带有拼写图标，标记了可用的编辑语言。

使用此列表可以选择要安装的其他的编辑语言

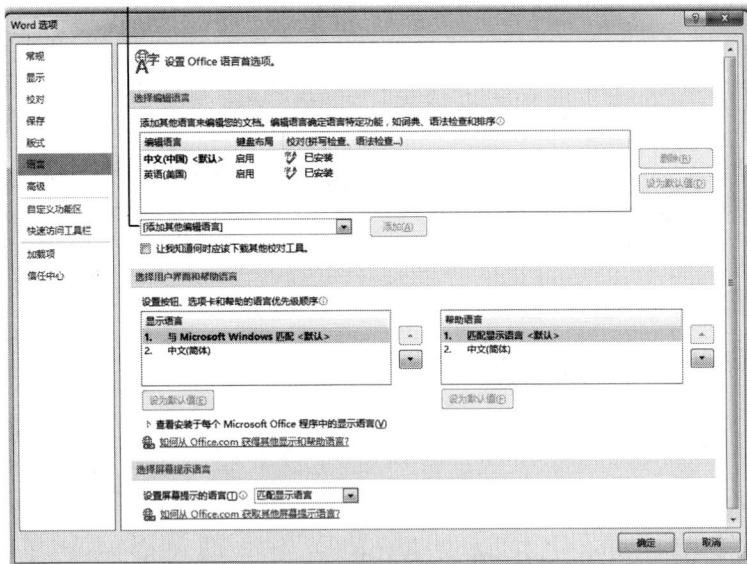

G04WE07："Word 选项"对话框"语言"页面屏幕截图。

在文档中选择文本，然后在这里标记语言，使用该语言的校对工具

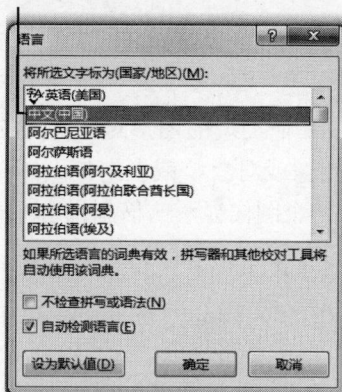

G04WE08："语言"对话框屏幕截图。

> **安装另一种编辑语言**

1. 单击**文件**选项卡，然后单击**选项**。

2. 在 **Word 选项**对话框中，单击**语言**。

3. 在**语言**页面，在**选择编辑语言**区域，选择想要添加的语言，然后单击**添加**。

4. 在编辑语言列表中的**校对**列，单击**未安装**。Word 会打开默认浏览器。

5. 在浏览器中的 **Office2013 语言选项**页面，选择语言，然后在**校对工具**区域单击**下载**。

6. 单击**运行**以安装校对工具（此步骤可能会有所不同，取决于所使用的浏览器）。

7. 在安全对话框中单击**是**，然后单击**确定**以安装校对工具。

> **检查不同语言中的拼写**

1. 选择要检查的文本。

2. 在**审阅**选项卡上单击**语言**，然后单击**设置校对语言**。

3. 在**语言**对话框中，选择想要标记所选文本的语言。

4. 单击**确定**（可能会提示下载该语言的校对工具）。

5. 按 **F7** 键进行拼写检查。

在文档元素中添加可选文字

可选文字（简称替代文本）是为图像或其他类型的图形对象提供的说明，旨在传达该对象描述的信息。如果不显示图像或对象，或者用户无法查看它（例如因视力残疾），所指定的可选文字提供一个图像显示的信息说明。

若要添加可选文字至图像，在"设置图片格式"窗格打开"布局和属性"页面（窗格名称根据对象涉及的类型会有所不同。例如，一个 SmartArt 对象或基本形状）。

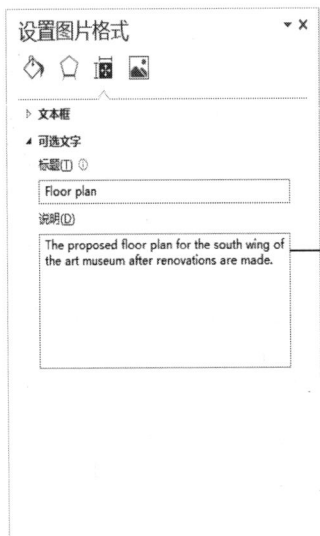

可选文字说明帮助使用屏幕阅读器的人理解视觉对象的内容

G04WE09："设置图片格式"窗格"可选文字"域的屏幕截图。

使用"标题"域来标识图像和"说明"域来提供有关图像内容的详细信息。使用者可以阅读标题，然后可以指示是否听完整的说明。

> **备考贴士**：可以将"可选文字"命令添加到"快速访问工具栏"来创建指向"格式"窗格中的快捷方式。

➤ **将可选文字添加至图像**

1. 右键单击图片，然后单击**设置图片格式**。

2. 在**设置图片格式**窗格中，单击**布局和属性**。

3. 显示**可选文字**区域，然后输入想要在**标题**中使用的可选文字和**说明**域。

➤ **将可选文本添加至表格**

1. 用鼠标右键单击表格的任何位置，然后单击**表格属性**。

2. 在**表格属性**对话框中，单击**可选文字**选项卡。

3. 输入想要在**标题**和**说明域**使用的可选文字。

使用辅助工具创建文档

本主题描述了一些使文档更易于残障用户使用的做法。它还描述了如何使用"辅助功能检查器"以确定文档中的哪些元素可能需要注意以提高文献的可访问性。

为了保持文档的辅助功能，请牢记以下做法。

- **添加可选文本至图像和对象**　可选文本向依赖屏幕阅读器的用户描述了图片和其他图形对象的内容。

> 更多详细信息，请参阅本节中前面的"添加可选文本至文档元素"主题。

- **在表中使用行和列标题**　在一个表格中，标题提供了背景，帮助用户浏览表中的内容。

- **使用样式**　应用标题和段落样式不仅可以精确设置文档的格式而且可以确定一个文档的结构和组织。通过使用屏幕阅读器处理长篇文档的用户依赖于节标题来跟踪他们在文档中的位置。标题应按照层次结构顺序（而不是跳过一个级别）帮助用户浏览文件和找到信息。使用"导航"窗格或"大纲"视图，可以快速查看文档的标题结构。

> 有关大纲的更多信息，请参见第 2.3 节"应用高级排序和组合"。

- **标题应简短**　一般情况下，标题不应超过一行。短标题可以帮助用户浏览一个文档。

● **使超链接文本清晰可见**　不要插入链接 URL，在"插入超链接"对话框中输入显示文本，以便清楚地说明链接的目的或意图。此外，指向超链接时可以定义一个 Word 显示的屏幕提示。

● **使用简单的表格结构**　避免使用嵌套的表格或表格内合并或拆分单元格，以更好地预测表格的内容和更易于导航。此外还应避免使用表中的空白单元格。使用屏幕阅读器的人可能认为空白单元格意味着表格不包含更多的数据。浏览表中的单元格验证是否按逻辑顺序呈现内容。

> 有关设置选项卡顺序的详细信息，请参阅本节稍后"使用宏来修改窗体的 Tab 键次序"的主题。

● **避免使用重复的空白字符**　使用屏幕阅读器的人可能会认为多余的空格、制表符和空段落为空白。如果屏幕阅读器报告几次"空白"，用户可能会假定他们已经到达某个章节或段落的末端。使用段落格式、缩进和样式在文档中插入空白。

> 有关样式的更多信息，请参见第 2.2 节"应用高级样式"。

● **避免使用流动对象**　不嵌入到文本的对象很难进行导航，并且有视觉障碍的用户可能无法访问。设置文字"上下型"环绕对象或"嵌入性"使文档的结构易于使用屏幕阅读器的人阅读。

> 有关文字环绕选项的更详细的信息。请参阅第 2.1 节"应用高级格式"的"使用高级布局选项"主题。

● **避免使用图像作为水印**　有视觉或认知障碍的人可能无法理解用作水印的图像。如果在文档中插入了一个水印，将相同的信息添加到文档的另一个区域，例如文档顶部的标题。

● **包括任何音频隐藏的字幕**　如果文件中插入音频组件，请确保内容提供了替代的其他格式，如字幕、脚本或可选文本。

若要检查文档的内容是如何满足这些辅助功能标准，可以运行"辅助功能检查器"。"辅助功能检查器"扫描一个文档，然后显示一个 Word 划分的类别项目列表，如错误和警告。所列的项目包括缺少图像的可选文字、不常用的标题和存在空白字符。

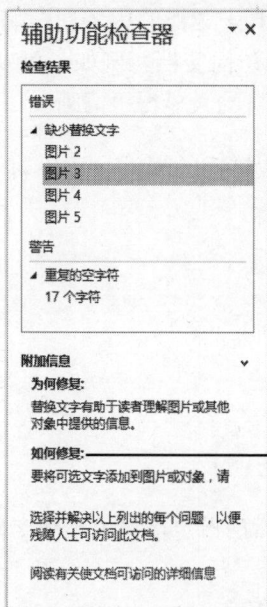

使用"如何修复"区域的步骤来解决与辅助功能相关的问题

G04WE10："辅助功能检查器"屏幕截图。

➤ 检查文档的辅助功能

1. 单击**文件**选项卡。

2. 在**信息**页，单击**检查问题**，然后单击**检查辅助功能**。该**辅助功能检查器**显示在文档中检测到的问题。

3. 在**辅助功能检查器**中，扫描问题列表。选择一个问题，在**附加信息**区域，阅读**为何修复**部分，以了解更多关于检测到的辅助功能问题，使用**如何修复**部分的步骤来解决问题。

管理多个正文和标题字体选项

在很多 Word 内置样式中，字体指定为正文（例如对于正文样式）或作为标题（对于内置标题样式）。与这些一般指定关联的字体由文档主题确定。如果应用了一个使用不同正文和标题字体的其他主题，Word 会更改字体以匹配这些为新主题定义的字体。

对这些一般字体的引用属性和依附于它们样式的属性，可以进行更改。当更改主题，将一组不同的正文和标题字体应用于该文档的内容时，将保留这些设置。一些所做的更改有助于更方便地理解和访问文档。例如，可以将彩色标题字体更改为"自动"设置，以便使文本对色盲的人显得更清晰。

若要更改使用"正文"和"标题"字体设置样式的属性，可以对"管理样式"对话框中的"设置默认值"页进行设置。

➤ **指定正文和标题的字体设置**

1．在**开始**选项卡的**样式**组，单击对话框启动器。

2．在**样式**窗格底部，单击**管理样式**。

3．在**管理样式**对话框中，单击**设置默认值**选项卡。

4．在**字体**列表中，选择 + **正文**或 + **标题**，然后指定字体大小和字体颜色（位置和间距的设置）。

5．单击**确定**。

采用全球内容标准

当所创建的文档被国际受众阅读、修订和分析时，应该采用让文档内容更容易理解的标准。一些需要考虑的领域是行话和术语的使用、所提供示例的类型和句子的语法。

下面的列表描述了一些可以遵守的标准，可以为国际观众准备。

● **使用全球化的英语语法**　要避免冗长和复杂的句子。可以在表格和列表中分割并呈现复杂的信息。此外，限制使用的句子片段，避免成语、口语化，并尽可能多地使用主动语态。

● **对日期和时间的不同引用**　使用 24 时制时间格式（例如 13:00 等于下午 1:00），包括事件时间的时区。不要只使用月份数字，拼出月份名称。有些读者会明白 14/3/8 表明 2014 年 3 月 8 日，但其他人会认为它指的是 2014 年 8 月 3 日。

- **使用标准字体** 使用诸如 Times New Roman、Arial、Courier New 和 Verdana 等字体，这些字体在浏览器和世界各地的计算机操作系统中使用普遍。

- **提供一种混合的例子** 如果要准备的文档，包含示例和方案，将示例、组织和个人姓名的国家标示和其他联系信息放置于不同位置。

- **应避免使用行话** 某些用于技术型和专业型背景的术语可能会被熟知该主题观众清楚理解。更多时候，这种类型的术语将是模糊不清的，应该试着替换为更为熟悉的单词或短语。一种用来帮助确定是否一个术语为行话的方法是检查该术语是否也被期刊如报纸和杂志等广泛使用。

- **努力争取术语和遣词造句的一致性** 所使用的特定术语如何帮助理解应该精确和保存一致性。

扫描文档拼写和语法错误时，通过选择 Word 所检查的问题类型，可以确定某些可能会使全球观众不太理解的问题。可以从 Word "选项" 对话框中 "校对" 页打开 "语法设置" 对话框，设置这些选项。选中 "写作风格" 列表中 "语法 & 样式" 时，Word 会检查存在的被动句、句子长度和其他方面的样式，这些可能会使国际读者难以理解文档的内容。

选择 "样式" 列表中的选项，Word 会检查如冗长句子和被动语态的问题。

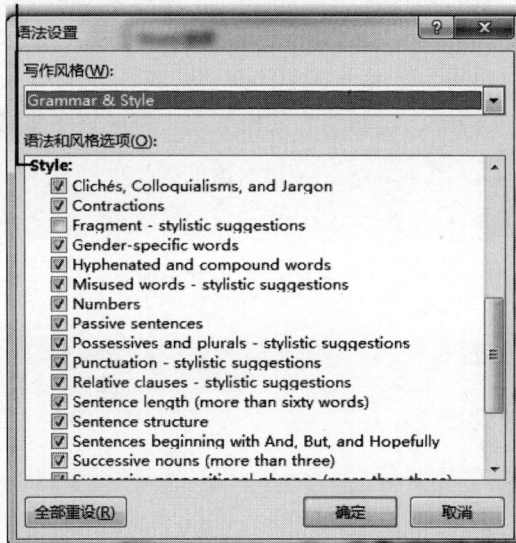

G04WE11："语法设置" 对话框屏幕截图。

➤ **设置语法选项**

1. 单击**文件**选项卡，然后单击**选项**。

2. 在 **Word 选项**对话框中的**校对**页，在**在 Word 中更正拼写和语法时**区域，单击**设置**。

3. 在**语法选项**对话框中，在**写作风格**列表中，选择**语法 & 风格**。

4. 选择希望 Word 检查的风格问题，然后单击**确定**。

5. 在 **Word 选项**对话框单击**确定**。

使用宏来修改窗体的 Tab 键顺序

本节介绍了一个使用宏的实际例子，该情况下，这个宏设置了窗体中一系列域的 Tab 键顺序。

> 有关窗体域和创建窗体的信息，请参见第 3.3 节"管理窗体、域和邮件合并操作"。

宏是一个使用 Microsoft Visual Basic 应用程序明语言编写（也称为 VBA）的程序。程序是保存为一个单位的一系列指令，然后可以作为一条指令执行。在 Word 中，可以记录一系列的命令或击键动作作为宏或直接在 Visual Basic 编辑器中编写宏。需在同一文档中或在创建的其他文档中完成许多步骤以后，可以运行一个宏。

可能包括在宏中的一些操作为：

- 应用样式；

- 更改页面布局设置；

- 更改视图或缩放设置；

- 输入或删除文本；

- 导航文档。

录制一个宏，然后在 Visual Basic 编辑器中查看它，可以查看到很多有关 VBA

代码的作用（若要查看所录制的宏，单击 Word 中的"开发工具"选项卡"代码"组中的"宏"，在"宏"对话框中，选择该宏，然后单击"编辑"）。下面的图形中的代码显示选择特定窗体域（命名为文本 1、文本 2 和文本 3）的三个宏。每个宏的指令规定在 *Sub* 和 *End Sub* 语句内。在这个宏中，*ActiveDocument* 指的是当前文档。*Bookmarks* 是指引用文档定义的书签集合的当前文档的对象。窗体域由它们书签名字引用（括在引号中），可以在"窗体域选项"对话框中进行设置。*Select* 指的是选择特定域窗体的 *ActiveDocument* 对象的一个方法。

项目资源管理器

Visual Basic 编辑器提供智能感知，以帮助编写代码

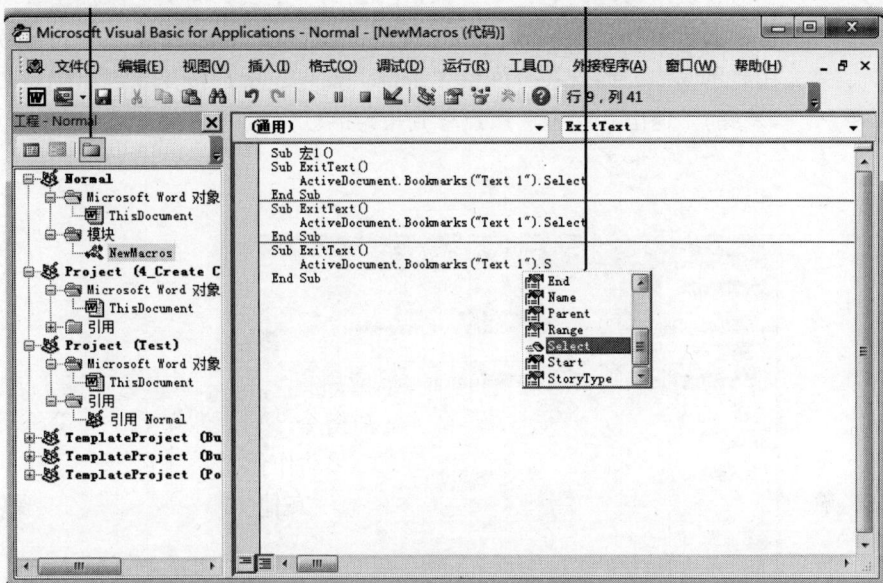

G04WE12：显示设计用来选择窗体域的 Visual Basic 编辑器的屏幕截图。

Visual Basic 编辑器提供了可以帮助用户开始使用 VBA 的工具。工具之一是智能感知，它可以检测当前的上下文，并显示提示信息帮助编写代码。例如，当输入 *ActiveDocument* 后面跟一个句点，Word 将显示选项，如 *AcceptAllRevisions*、*AddToFavorites*、*ApplyTheme*、*Bookmarks*、*DeleteAllComments*、*GoTo*、*Save*、*ShowGrammaticalErrors* 和其他许多选项。如果从 *ActiveDocument* 出现的列表中选择 *Bookmarks* 并且输入一个开括号，Visual Basic 编辑器会提示输入想要使用的书签名称。闭括号后，输

入一个句号，Word 会显示一个列表方法，包括在此示例中使用的 *Select* 方法。

> **备考贴士：** 在"Visual Basic 编辑器"的帮助菜单上单击"Microsoft Visual Basic 应用程序帮助"，打开一个介绍概念、操作方法示例和完整对象引用的帮助系统。

在表中包括一系列的设置窗体域的窗体，默认的 Tab 键顺序将焦点穿过列，然后下行。使用早些时候所示的一组宏，可以更改此顺序，这样 Tab 键顺序在列中沿着域下移，然后在下一列返回到第一个域。向文档添加窗体域之后，为域分配书签名称，编写宏，通过使用"窗体域选项"对话框将宏指定给每个域。在此示例中，该宏被分配给"退出"操作。用户按 Tab 键退出域时，在分配给该域的"退出"宏中，焦点移到指定的域。

G03WE13："文本窗体域选项"对话框屏幕截图。

➤　**在 Visual Basic 编辑器中编写 Sub 程序**

1. 在**开发工具**选项卡，单击 **Visual Basic**。

2. 在 Visual Basic 编辑器的**视图**菜单上，单击**工程资源管理器**。

3. 在"工程资源管理器"中，在**当前文档的 Microsoft Word 对象**区域，双击**本文档**。

4. 在**插入**选项卡，单击**程序**。

5. 在**添加程序**对话框的**类型**组选择 **Sub**，输入程序的名称，然后单击**确定**。

6. 输入宏的代码。

7. 重复步骤 4、5 和 6 以插入其他的 Sub 程序。

8. 关闭 Visual Basic 编辑器。

➤ **设置带有宏的窗体**

1. 右键单击窗体域，然后单击**属性**。

2. 在**文本窗体域选项**对话框中，在**运行宏**区域，当用户进入或退出域时，选择想要运行的宏，然后单击**确定**。

3. 在**开发工具**选项卡，单击**限制编辑**。

4. 在**限制编辑**窗格中选择**仅允许在文档中运行此类型的编辑**，然后从**编辑限制**列表选择**填写窗体**。

5. 单击**是**，启动强制保护。

6. 在**启动强制保护**对话框中，输入密码以保护该文档（可选），然后单击**确定**。

➤ **录制宏**

1. 在**开发工具**选项卡**代码**组中，单击**录制宏**。

2. 在**录制宏**对话框中，输入该宏的名称和说明。

3. 在**将宏保存在**列表中，单击要保存宏的模板或文档。

4. 单击**确定**，然后再执行想要在宏中记录的步骤。

5. 在**代码**组，请单击**停止录制**。

实践任务

这些任务的实践材料都位于 MOSWordExpert2013\Objective4 实践材料文件夹，将完成的任务保存到相同文件夹中。

- 打开 *Word_4-3a* 文档。对文档包含的文本（用法语）进行拼写检查。
- 打开 *WordExpert_4-3b* 文档。运行辅助功能检查器。作为修订文档包含的辅助性问题，向图像、图表和表格添加可选文字。
- 打开 *WordExpert_4-3c* 文档。设置对填写窗体的编辑限制。将光标放在第一个域中，按 Tab 键，观察 Tab 键顺序。删除编辑保护，然后写一系列的退出宏，这样 Tab 键顺序沿列下移而不是穿过行。在“文本窗体域选项”对话框中输入分配给每个域的书签名称。

目标回顾

结束本章学习之前，确保掌握了以下技能：

4.1 创建和修改构建基块

4.2 创建自定义样式集和模板

4.3 准备文件的国际化和辅助功能

关于作者

约翰·皮尔斯 曾作为编辑和作者在微软工作 12 年，与保罗·帕蒂合著《洞悉 Microsoft Office Access 2003 内情》（2004）；与杰夫·伊芙琳合著《MOS 2010 学习指南：Microsoft Word Expert，Excel Expert，Access, SharePoint》（2011）；《团队协作：使用微软办公软件提升团队精神》（2012），以上著作均由微软出版社出版。

译者简介

康宁：上海外国语大学英语语言文学博士，现为青岛科技大学外国语学院副教授，英语系主任，翻译硕士教育中心主任。在《中国翻译》等期刊发表论文二十余篇，出版译著一部。曾为青岛海等多家公司担任兼职译审和翻译。

宫鑫：射手学院创始人，搜索引擎营销专家，曾任百度认证负责人，品众互动首席优化师。著有《Google 广告优化与工具》；主持编写《百度推广 - 搜索营销新视角》、《点金时刻 - 搜索营销实战前沿》；译著十余本。

谢金秀，2014 毕业于青岛大学，获得英语翻译硕士学位，参与翻译著作《全球顶尖数码艺术大师技法宝典》、《搜索引擎优化方法与技巧（第 5 版）》、《玩具总动员》等；

现在，您已读完了本书 ...

告诉我们您的想法！

这本书实用吗？

这本书教了你想学的东西吗？还有哪些地方需要改进？

请通过 http://aka.ms/tellpress 让我们了解您的想法。

您的反馈将直接交给微软出版社，我们会认真阅读您的每一条反馈意见。 提前致谢！